三嶋暦とせせらぎのまち

旧暦は生きている

三嶋暦の会 編

新評論

扉：源兵衛川
❶三嶋暦師の館正面
❷三嶋暦師の館案内石柱
❸大小告知板と万本格子戸
❹三嶋暦師の館式台玄関
❺三嶋暦師の館玄関の間から次の間（蘇鉄の間）を望む
❻三嶋暦師の館次の間から見る庭の紅葉
❼❽三嶋暦師の館奥居間と組子格子戸

❾鴨の香炉。河合家のルーツが加茂家に通じているという因縁を感じさせる。
❿行器《ほかい》。旅などで背中に負って食器等を運んだ道具

⑪朱塗りの弁当箱
⑫使用済みの面版木を利用した手焙り
⑬集金箱
⑭砧《きぬた》。洗濯物を柔らかくしたりした道具
⑮大黒・恵比寿。家内安全の守り神
⑯控の間に展示された屋根瓦
⑰家族と職人の出入り口と絵馬台の展示

⑱三嶋大社の枝垂れ桜
⑲秋の楽寿館（楽寿園）
⑳頼朝・政子の腰掛け石（三嶋大社）
㉑文教通りの銀杏の黄葉　（写真提供：三島市）

㉒農兵節を踊る（三島夏祭り）（写真提供：三島市）
㉓仲秋の名月音楽会
㉔三島夏祭りのシャギリ

㉕シャギリの競り合い（三島夏祭り）（写真提供：三島市）
㉖小田原提灯づくりイベント
㉗三嶋暦師の館で記念撮影し、三嶋大社で挙式

㉘富士山と箱根西麓の名物・大根干し（写真提供：三島市）
㉙カワセミ
㉚五弁の花・ミシマバイカモ
㉛せせらぎに咲くミシマバイカモ（水の苑緑地）（写真提供：三島市）

まえがき

四季のある美しい国、それが日本です。春夏秋冬を区別できる四季があることによって、島国である日本は独自の文化や産業を育んできました。

およそ北緯二五度から四五度に位置する日本は、南北に長い列島となっていますので、四季のあり方には各地方によって多少の違いがあります。一般的には、冬は寒く、夏は暑いといわれているわけですが、北緯二五度あたりに位置する沖縄と北緯四五度付近に位置する北海道では、かなり気候が違います。このような違いによって、家の造りや食べ物、着る物などにおいて各地方なりの特色が生み出され、それぞれ風情豊かなものになっています。

縄文時代の終わりから弥生時代の初めにかけて、中国から九州に伝えられたといわれている稲作は時代とともに東へ北へと広がっていきました。弥生時代の中頃には、東北地方でも盛んにつくられるようになっていきましたが、気温の低い北海道では稲作は無理だ、といわれていました。しかし、明治時代になって、寒冷地での品種改良の成果によってそれも可能となりました。

このように進化してきた稲作ですが、その昔、農家の人びとは田植をはじめる時季を、田んぼの周囲にある山に現れる残雪のかたちや、コブシなどの花が咲く頃合いを見て判断していました。稲作にかぎらず、人びとは自然の移り変わりを敏感に感じ、その変化を日常生活のなかに取り入れていたのです。

近現代になって、里山が削られ、住宅地や工場用地として開発されていきました。私たちの生活が経済的に豊かになっていく一方、周囲に見えていた緑が少なくなったことで、人びとは自然の変化に疎《うと》くなったように思われます。

二一世紀はハイスピード、ハイテクの時代となりましたが、こうした環境のもとにどっぷり浸かった生活をしていると、精神的にも肉体的にも疲れてしまい、その反動からスローライフを憧れる人が多くなったのではないかと思います。このスローライフという言葉を聞いて、ひょっとしたら「旧暦」を連想する人もいるかもしれません。

現代ではあまり耳にしなくなった「旧暦」という言葉ですが、みなさんはどんなことを思い浮かべますか？　映画にもなった『天地明察』(角川書店、二〇〇九年）を書かれた冲方丁《うぶかたとう》氏は「天との約束」といっています。たいへんに的を射た答えだと思います。

「旧暦」というのは、明治五（一八七二）年まで日本の各地で使われていた、月の動きを基にしてつくられた暦（カレンダー）のことです。江戸時代以前には八つ、江戸時代に入ってからは一〇種類の暦が日本ではつくられています（xiiページ参照）。そのなかの一つに「三嶋暦」があります。この「三嶋暦」は、静岡県の東部に位置する三島市で、鎌倉時代のころから発行されていました。その特徴は、日本で最初に「かな文字」が使われ、「木版」で印刷された暦であったということです。

こうした三島の文化遺産を後世にまで大事に守り、伝えていきたいということで「三嶋暦の会」が誕生しました。わたしたち「三嶋暦の会」は、平成一六（二〇〇四）年から活動をはじめ、翌年には「三嶋暦」の資料を展示している建物（国の登録有形文化財）が「三嶋暦師の館」として開館され、今年（平成二七年）、開館一〇周年を迎えることができました。

この記念の年を迎えるにあたり、「何か記念になるものをつくりたい」と考えていたところへ、株式会社新評論編集部の方から手紙をいただきました。その手紙には、「三嶋暦と、せせらぎのまちである三島を紹介するような本を出しませんか？」とありました。さらには、「この本を読むことで、三嶋暦、旧暦、三島のまちが理解でき、三島へ行きたくなるようなものをつくりたいのです」と書かれていました。

この手紙を受領して早速新宿区西早稲田にある新評論へ赴き、担当の方に「旧暦は全国各地に二〇種くらいあるなかで、どうして三嶋暦を選ばれたのでしょうか？」と尋ねたところ、「三嶋暦は江戸幕府公認の暦だったと聞いたからです。それに最近では、二十四節気や七十二候などに関する書籍がいろいろ出版されています。それらが、予想以上の販売数であることを考えると、世間では旧暦や暦に関心をもっている人が意外に多いことが感じられます。もちろん、私自身も興味をもっております」というお返事でした。

このような経緯のもと、本書『三嶋暦とせせらぎのまち』が出版されることになりました。出版にあたっては、会員のなかから九名が選ばれ、編集と執筆活動をはじめました。しかし、選ばれた者の多くは書くことに関しては素人です。日々、渉猟しながら、長い時間をかけてようやくみなさんに読んでいただけるかたちにできました。

とはいえ、本書は古い年号や難しい漢字、暦に使われる専門用語などもたくさん記載されているので、戸惑いを感じられることがあるかも

楽寿園の庭

しれません。しかし、読み進めていくうちに、旧暦時代の日本人の生活の様子や自然豊かな三島のまちのことなどがおわかりいただけるのではないかと思っています。

新幹線も停まる三島駅の目の前には、広大な森をもつ「楽寿園」（一八一ページ参照）があります。この辺りは湧水地となっていて、富士山の雪解け水が地下水となって湧き出て流れをつくり、初夏にはホタルが舞います。園内には「三島市郷土資料館」（一七八ページ参照）もあり、古代より伊豆の要衝として栄え、江戸時代には東海道五十三次の一一番目の「三島宿」として栄華を誇ったまちの歴史を楽しむこともできます。

また、駅から東へ一〇分ほど歩けば三嶋大社が鎮座しています。毎年、初詣客によって静岡県一のにぎわいになります。この神社は、源頼朝が平家打倒の挙兵に際し、祈願を寄せたことでも知られています。春には参道脇のソメイヨシノやミシマザクラ、神池のシダレザクラが咲き、秋には天然記念物となっているキンモクセイが花をつけて参拝者を楽しませています。

このように自然と歴史の豊かな三島へ、本書を片手にお出かけになってみてはいかがでしょうか。わたしたち三嶋暦の会の会員がご案内させていただきます。

三嶋暦の会会長　河合龍明

もくじ

地方暦——三嶋暦のライバル

江戸時代以前から発行されていた暦

- **京暦**——伝統的に巻暦で、江戸後期には綴暦も出された。
- **大坂暦**——京暦を冊子形にしたもの。永禄6（1563）年丹生暦との暦日が相違し、誤っていたため頒布差し止めとなる。
- **丹生暦**——折れ本が一般的で、伊勢神宮の御師も伊勢暦が作られる以前に土産として配った。
- **南都暦**——三嶋暦と並んで古い暦で、南都（奈良）の陰陽師によって発行されていた。春日大社の講の組織を通して大和・伊賀の二国に配布されていた。
- **大宮暦**——武蔵国の氷川神社でつくられた暦。『北条五代記』によると、三嶋暦との月の大小の違いがあり、三嶋暦が正しいことが証明され廃止。
- **鹿島暦**——鹿島神宮とのつながりが深いとされる暦。享禄4（1531）年の鹿島暦の見行草《けんぎょうそう》（暦計算の下書き）が水戸六地蔵寺（六蔵寺）に現存。
- **会津暦**——初期のものは活版印刷の技術を応用して発行された。頒暦圏は東北一帯に及んだ。

江戸時代に入ってから発行された暦

- **泉州暦**——京暦などと共に古い歴史をもち、和泉国信太舞村陰陽師・藤村家から発行されていたという。藤村家は土御門家に従属し、冬至観測などに参加している。
- **伊勢暦**——折れ本の形をしており、伊勢神宮の御師たちが全国の檀家に配ったため、知名度が上がった。三嶋暦の頒暦圏まで入り込んだことで河合家が幕府に訴えを起こしている。本文参照。
- **江戸暦**——貞享の改暦以前のものには「地震なまず」の絵が描かれ、表題も平仮名で「いせこよみ」となっている。改暦後、商業的なものとして関東一円から東北南部まで頒布されていた。幕末には蝦夷地にも渡っている。
- **薩摩暦**——源頼朝より頒暦の特権を承認されたとして、貞享の改暦後も独自に発行されていた。通常の暦には見られない暦注がある。
- **仙台暦**——最古のものは延宝4（1676）年だが、貞享の改暦後、幕府の暦原稿にない暦注を記載したとして発行を差し止められている。幕末に再度発行が認められ、神明神社の神職、平野伊勢が作成。
- **秋田暦**——幕末から明治4（1871）年までの一時期に発行された。秋田久保田の浅野数馬又右衛門の編纂。
- **田山暦**——南部藩（岩手県）田山村で発行されていた絵暦。創始については明らかになっていないが、田山善八によるものと推測される。
- **盛岡盲暦**——慶応3（1867）年に一枚物の絵暦が発行されていたほか、慶応4年と明治2年分のみ綴暦が発行された。
- **月頭暦**——加賀藩（金沢）の特別な人にだけ配布されていた略歴。
- **弘前暦**——弘前藩（青森県）の藩校・稽古館が寛政8（1796）年から明治3年まで作った略歴。

三嶋暦とせせらぎのまち——旧暦は生きている

第
1
部

旧暦

明治２（1869）年の三嶋暦の献上暦（巻暦）

第1章 暦の仕組みと歴史

1 「旧暦」とは

旧暦というのは、明治六（一八七三）年に太陽暦（グレゴリオ暦）へ改暦《かいれき》されるまで日本で使われていた太陰太陽暦を指します。日本では一二七〇年間ほどにわたって使用されてきましたが、実はその間に九回も改暦（九ページ参照）されています。現代人が「旧暦」という場合は、この太陰太陽暦の一つで、天保一五（一八四四）年から明治の改暦前まで使われていた天保暦《てんぽうれき》（正式には天保壬寅元暦《てんぽうじんいんげんれき》）のことをいいます。

旧暦には、日本人が古代からつくり上げてきた歳時《さいじ》や習俗などが表されています。また、二十四節気《にじゅうしせっき》や雑節《ざっせつ》なども記されているため、季節感の漂う、まさに日本文化を凝縮したものといえるかもしれません。しかしその一方で、迷信や非科学的なことも記されています。

「暦」の起源は、日を数えるという意味の「日読《かよ》み」から生じたとも考えられているので、「暦」

とは「時の流れを数えるもの」ともいえそうです。それ故でしょうか、「暦」は時をも支配しましたから、税金（年貢など）の徴収との関係で権力者が操作することもあったようです。

さて、この章では、読者のみなさんに旧暦や暦のことについて興味をもってもらおうと、その種類や歴史についてわかりやすく整理しました。暦についての知識が深まることで、日常生活がさらに豊かになることを願っています。

2 暦の種類と歴史

私たちは日常生活のなかで、何の意識もせずに「暦＝カレンダー」を使っています。そこには、日付、曜日、休日などが書かれています。言うまでもなく、日本中が同じ暦を使っているので、人との約束や待ち合わせ、行事などを行うにあたって支障をきたすことはありません。もし、各地方ごとに違う暦を使っていたとしたら、とても約束などできないでしょう。現在、日本で使われている暦は世界のほとんどの国で使われているので、さまざまな国に住む人とも約束の日取りを決めることができるのです。

まずは、このように便利な暦の種類や歴史を見ていきましょう。

（1）暦のはじまり

暦は、一朝一夕《いっちょういっせき》にできたものではありません。暦をつくるために、世界中の人たちが星や月、太陽の動き、自然の移り変わりなどを何百年、何千年という長い期間にわたって観察し、工夫を重ねてきたわけです。これまでの過程を想像すると、暦は人類の「宝物」ともいうべきものかもしれません。

では、なぜ人類に暦が必要になったのでしょうか。われわれが生命を維持し、子孫を増やしていくためには、農耕による食物の安定的な獲得が必要です。定住し、生活の糧となる農耕をするためには、「いつ種をまけばよいのか？」「収穫はいつなのか？」などといった自然のサイクルを知る必要がありました。このような季節の移り変わりを知る手段がいろいろ考え出されて、人類は暦をつくったのです。

（2）自然暦

古代の人びとは、日の出と日の入りによる昼夜の変化から一日を知り、月のかたちが変化する様子を見て「ひと月」を知りました。さらに、農耕における種まきや収穫などについては、「季節の移り変わりや動植物などの自然現象」が一定期間で繰り返されることに気付き、「一年」という長さを認識したものと考えられます。この原始的な農業暦のことを「自然暦」といいます。この自然暦の例としては、次のようなものが挙げられます。

長野県と富山県にまたがる白馬岳《しろうまだけ》（二九三二メートル）という山がありますが、かつては「代馬岳」と書いていました。代馬岳という漢字表記は、春になると雪解けで岩が露出して、「代掻《しろか》き馬」の雪形が現れることからきています。田植え前の代掻きをするころ、この馬のかたちが見えはじめるので「代馬岳」と呼んだということです。日本の一部の地方では、残雪の模様（鳥のかたちなど）で種まきの時期を決めたり、花の咲きはじめる時期や動物の行動が変化するときなどを農作業の目安にしていたのです。

（3）太陰暦

今から数千年前、月の満ち欠けの周期をもとにして人類が最初につくった暦と考えられているものが「太陰暦」です。月は、毎日そのかたちが変化して見えることから比較的観察がしやすいのです。また、およそ三〇日で新月《しんげつ》（朔《さく》）から半月《はんげつ》（上弦《じょうげん》の月）→満月《まんげつ》（望《ぼう》）→半月（下弦《かげん》の月）→そしてまた新月と、かたちがひと巡りするため暦にするのが容易だったと思われます。

この、月のかたちが変化していくひと巡りを「一朔望月《いちさくぼうげつ》」といい、平均すると二九・五日となります。一朔望月とは一か月のことですから、一年となる一二朔望月では三五四日となり、太陽暦の一年三六五日と比べると一一日短くなります。このため、太陰暦を使い続けた場合は、三年間で暦と季節の間に三三日の誤差が生じてしまいます。この太陰暦を現在でも使い続けているのはイスラム暦の宗教行事だけです。

(4) 太陰太陽暦

太陰太陽暦は、月の満ち欠けに基づく太陰暦を基本にして、一年に一一日生じる暦と季節（太陽年）の誤差を調整する方法を取り入れたものです。その調整方法とは、一九年に七回の割合で二九日か三〇日の閏月《うるうづき》を入れるというものでした。したがって、閏月の年は一年が一三か月になります。

この仕組みは、古代バビロニアや中国で考え出されました。中国では約三〇〇〇年前に考え出され、黄河流域で発達したのちに日本に伝わってきました。それ以降、日本で太陰太陽暦が使用されていた約一二七〇年の間に九種類の暦が使用されました（**図表1‐1**参照）。

それでは、太陰太陽暦について詳しく見ていきましょう。

二十四節気《にじゅうしせっき》

中国でつくられた太陰太陽暦の特徴は、正しい季節を知るための目印として二十四節気を採用したところにあります（**図表1－2**参照）。二十四節気とは、一年を二四等分し、それぞれに季節に関係した名前を付けたものです。二十四節気の決め方には、次の二つがあります。

・**恒気法《こうきほう》**――冬至から次の冬至までの一太陽年の日数を二四等分する方法。平気法《へいきほう》ともいう。

・**定気法《ていきほう》**――太陽の黄道《こうどう》（地球から見て太陽が一年でひと回りする天の道筋）上の位置を一五度ずつの角度で二四等分し、各点を太陽が通過する瞬間で決める方法。

図表1－1　日本における太陰太陽暦の変遷

	暦法	使われた年数
①	元嘉暦《げんかれき》	93年間
②	儀鳳暦《ぎほうれき》	67年間
③	大衍暦《だいえんれき》	94年間
④	五紀暦《ごきれき》	4年間
⑤	宣明暦《せんみょうれき》	823年間
⑥	貞享暦《じょうきょうれき》	70年間
⑦	宝暦暦《ほうりゃくれき》	43年間
⑧	寛政暦《かんせいれき》	46年間
⑨	天保暦《てんぽうれき》	29年間

＊①から⑤は中国の暦法で、⑥から⑨は日本独自の暦法です。

太陰太陽暦として使われた日本最後の暦である天保暦には、この定気法が採用されていました。

二十四節気では、まず二至《し》（冬至・夏至）、二分《ぶん》（春分・秋分）、四立《よんりつ》（立春・立夏・立秋・立冬）が決められます。さらに、それらの間に二つずつ季節に関係したもの

図表1-2　二十四節気

季節	名称	気節	黄経	日取り	意味
春	立春《りっしゅん》	正月節	315	2/4頃	春に入る日。八十八夜、二百十日などはこの日から数える。
	雨水《うすい》	正月中	330	2/19頃	気温が上がり、雪は雨になり農耕の準備がはじまる。
	啓蟄《けいちつ》	二月節	345	3/6頃	冬ごもりしていた虫たちが目覚めて這い出すころ。
	春分《しゅんぶん》	二月中	0	3/21頃	昼夜の長さが同じ日。太陽は真東から出て真西に沈む。
	清明《せいめい》	三月節	15	4/5頃	春の清々しい季節、草木の花が咲きはじめるころ。
	穀雨《こくう》	三月中	30	4/20頃	穀物の発芽を促す春雨が降るころ。
夏	立夏《りっか》	四月節	45	5/5頃	夏に入る日。夏の気配が感じられるようになるころ。
	小満《しょうまん》	四月中	60	5/21頃	山野が緑に満ちて田植えの準備がはじまるころ。
	芒種《ぼうしゅ》	五月節	75	6/6頃	芒は麦や稲などのこと。麦の刈り取り、稲の田植えがはじまる。
	夏至《げし》	五月中	90	6/21頃	一年で昼が一番長い日。花菖蒲の花がきれいなころ。農繁期。
	小暑《しょうしょ》	六月節	105	7/7頃	暑中に入る日だが、このころはまだ梅雨が明けていない。
	大暑《たいしょ》	六月中	120	7/23頃	梅雨が明け最も暑いころ、セミの鳴き声が賑やかになる。

季節	名称	気節	黄経	日取り	意味
秋	立秋《りっしゅう》	七月節	135	8/7頃	秋に入る日。この日から残暑見舞いになる。
	処暑《しょしょ》	七月中	150	8/23頃	処暑は暑さが止まるという意味で、残暑厳しいが朝夕涼しいころ。
	白露《はくろ》	八月節	165	9/8頃	草木の葉の先に露ができるころ、朝夕涼しくなる。
	秋分《しゅうぶん》	八月中	180	9/23頃	昼夜の長さが同じ日。太陽は真東から出て真西に沈む。
	寒露《かんろ》	九月節	195	10/8頃	寒さが感じられるがまだまだ過ごしやすい時期。農繁期。
	霜降《そうこう》	九月中	210	10/23頃	気温が下がり、紅葉が山から下《くだ》り初霜が降るころ。
冬	立冬《りっとう》	十月節	225	11/7頃	冬に入る日。まだ晩秋の気配だが寒さも感じるようになるころ。
	小雪《しょうせつ》	十月中	240	11/22頃	高山は雪に覆われ、里には木枯らしが吹き始めるころ。
	大雪《たいせつ》	十一月節	255	12/7頃	日暮れが早くなり、本格的な冬の訪れを感じるころ。
	冬至《とうじ》	十一月中	270	12/22頃	一年で昼が一番短い日。寒さが増し、ゆず湯に入る習慣がある。
	小寒《しょうかん》	十二月節	285	1/5頃	寒の入り。節分までの間を「寒の内」といい、寒さが厳しくなるころ。
	大寒《だいかん》	十二月中	300	1/20頃	寒さが最も厳しいころ。梅の開花が始まるころ。

が入るので、春夏秋冬にそれぞれ六つずつが配置されることになります。それを交互に中気《ちゅうき》と節気《せっき》に分けます。立春から数えて奇数番目を「節気」、偶数番目を「中気」とし、多くの場合、ひと月には一つの節気と一つの中気が含まれるのですが、中気の入らない月を閏月《うるうづき》としました。

日本の太陰太陽暦では、月は「中気何月《ちゅうきなんがつ》」と中気の名前で呼ばれていました。たとえば、雨水《うすい》一月、春分二月、穀雨《こくう》三月、小満《しょうまん》四月、夏至五月、大暑《たいしょ》六月、処暑《しょしょ》七月、秋分八月、霜降《そうこう》九月、小雪《しょうせつ》一〇月、冬至一一月、大寒《だいかん》一二月といい、いかにもその季節を感じさせる呼び方となっています。

日本は三〇〇〇キロ以上の南北に長い地形のため、二十四節気は地域によって異なりますが、明治一九（一八八六）年に日本の標準時が兵庫県明石市（東経一三五度）に決められてからは、そこを基準にして統一されています。

七十二候《しちじゅうにこう》

二十四節気の中気・節気を、初候《しょこう》・次候《じこう》・末候《まっこう》と三分割し、二十四節気よりもさらに細かく、季節や自然の動きといった変化をとらえたものが七十二候です。当然、この七十二候も地域によって少しずつ異なります。貞観四（八六二）年から貞享元（一六八四）年まで八二三年間にわたって日本で使われてきた中国暦の一つである宣明暦《せんみょうれき》の七十二候には、次のようなものがありました。

春・立春

初候……東風解氷《とうふうこおりをとく》（東の風が氷を溶かしはじめる）

次候……蟄虫始振《ちっちゅうはじめてふるう》（冬ごもりしていた虫が活動しはじめる）

末候……魚上氷《うおこおりをのぼる》（割れた氷の隙間から魚が飛び出る）

夏・立夏

初候……螻蟈鳴《ろうこくなく》（蛙が鳴きはじめる）

次候……蚯蚓出《きゅういんいず》（みみずが地表に出はじめる）

末候……王瓜生《おうかしょうず》（からすうりが実を付けはじめる）

ちなみに、現在一般的に使われている「気候」という言葉は、二十四節気の「気」と七十二候の「候」からできたといわれています。「巻末資料③」（二六一ページ参照）として、「三嶋暦の会」による「三島の七十二候」を掲載していますので参照してください。

閏月《うるうづき》

前述したように、太陰太陽暦における一年の日数は三五四日で、太陽暦の三六五日と比べると一年で一一日短いために、三二から三三か月経つと中気の入らない月ができてしまいます。こうした中気の入らない月を「閏月」としました。

閏月には中気がないので、先に書いたような月の名前が付けられません。そのため呼び名は、その前の月の名前の上に「閏」を付けて月名としました。たとえば、中気の入らない月の前の月が四月であれば「閏四月」という呼び方になります。

「大の月」と「小の月」

太陰太陽暦の一朔望月は、前述したように平均二九・五日です。暦のうえでは、三〇日の月と二九日の月にしました。そして、三〇日の月を「大の月」、二九日の月を「小の月」と呼びました。

この大の月と小の月の配列は、月の複雑な動きによって一定ではありません。日本で太陰太陽暦が使用されていた約一二七〇年の間で、一年が「大・小・大・小・大・小……」と規則正しく交互に並んだのは、平安時代の仁和《にんな》四（八八八）年のたった一回だけです。大・小の配列は、平年でも一〇〇通り、閏年では三五〇通りもあったそうです。

江戸時代では、毎年四月一日と一〇月一日に武士は衣替えを行って登城する決まりとなっていました。ですから、三月と九月が「大の月」か「小の月」かを知ることは非常に重要でした。もちろん、一般庶民にとっても重要でした。現代のように現金ではなく、「掛け売り」という方法で買い物をしていたからです。通帳に名前、品物、金額などを記入して、その合計金額を月末に支払うという方法のことです。そのため各お店では、月末の支払いや代金の取り立てを間違えないように告知板をつくって、人がたくさん集まる場所、たとえば寺の本堂や商家の店頭などに掛けました。なかには、写真のような縦・横の吊るし方を変えることで大小がわかる看板もありました。

このように、武士も庶民もそれぞれの月が「大の月」か「小の月」かを知ることは、日常生活において大切なことだったのです。このようなニーズがあったためか、大の月と小の月だけの配列を絵で表した「大小暦《だいしょうごよみ》」という暦も考え出されています。下の写真の大小暦では、右上から下へ大・一月、小・二月、大・三月、大・四月、左上から下へ小・五月、大・六月、小・七月、大・八月、小・閏八月、大・九月、小・一〇月、大・一一月、小・一二月となります。

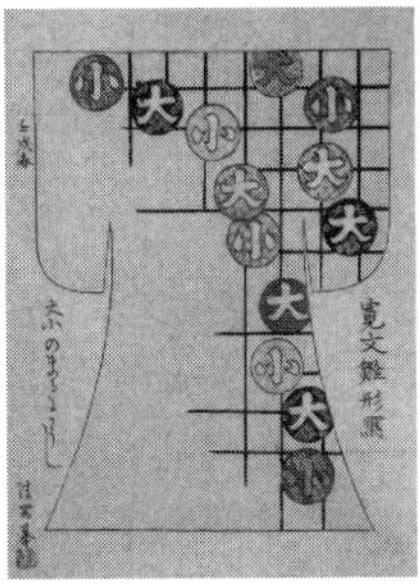

文久２(1862)年の大小暦(「着物雛型」国立国会図書館蔵)

大小告知板・大

大小告知板・小

紐を掛け替えることで大⇄小が変わる

月と地球の動き

　地球の大きさをバスケットボールとすると、月の大きさは野球のボールほどの大きさとなります。その月は自転しながら地球の周りを回っています（**図表1－3**参照）。月が地球の周りをひと回りする日数は、およそ二七・三日です。これを「公転周期」といいます。一方、太陰太陽暦の基本となる地球から見た月の一朔望月（新月［朔］→満月［望］→新月）は、先にも述べたように平均二九・五日です。月が地球をひと回りする日数と一朔望月の日数が合いません。その理由は、**図表1－4**に示すとおりです。

図表1－3　月の満ち欠け図

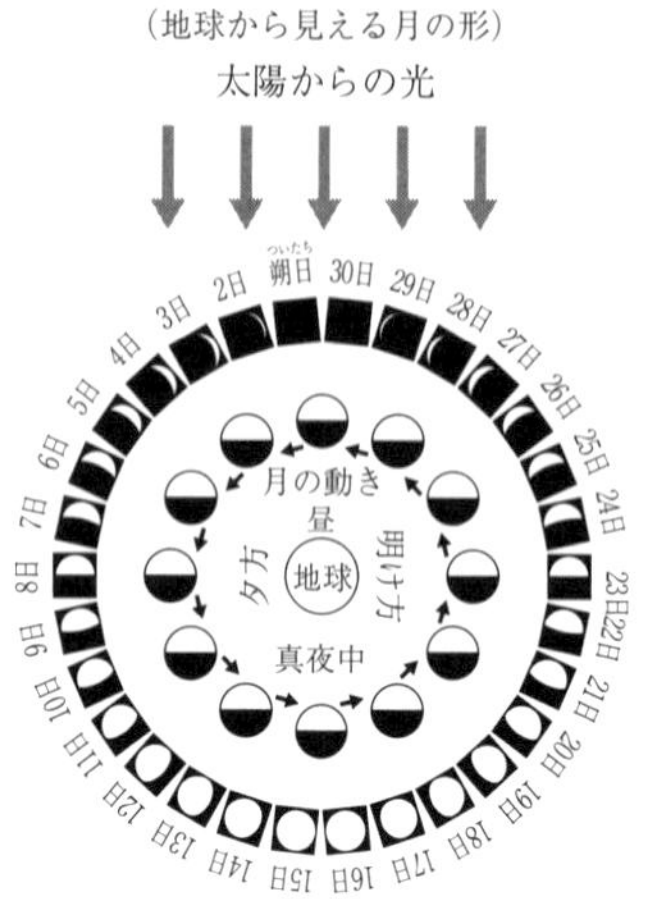

　一般的に「満月」といえば一晩中見えていると考えられていますが、天文学的には「月と太陽の位置《いち》黄経差《こうけいさ》が一八〇度になる瞬間」と定義されています。つまり、真の満月は〝瞬間〟なのです。

　また、「月齢《げつれい》」という言葉を耳にされたことがあると思います。月齢とは、朔の瞬間から経過した時間を日単位で表したものです。たとえば、朔《さく》が八月一日〇時〇〇分だとすると、昼の

図表１－４　月の一周と一朔望月の差

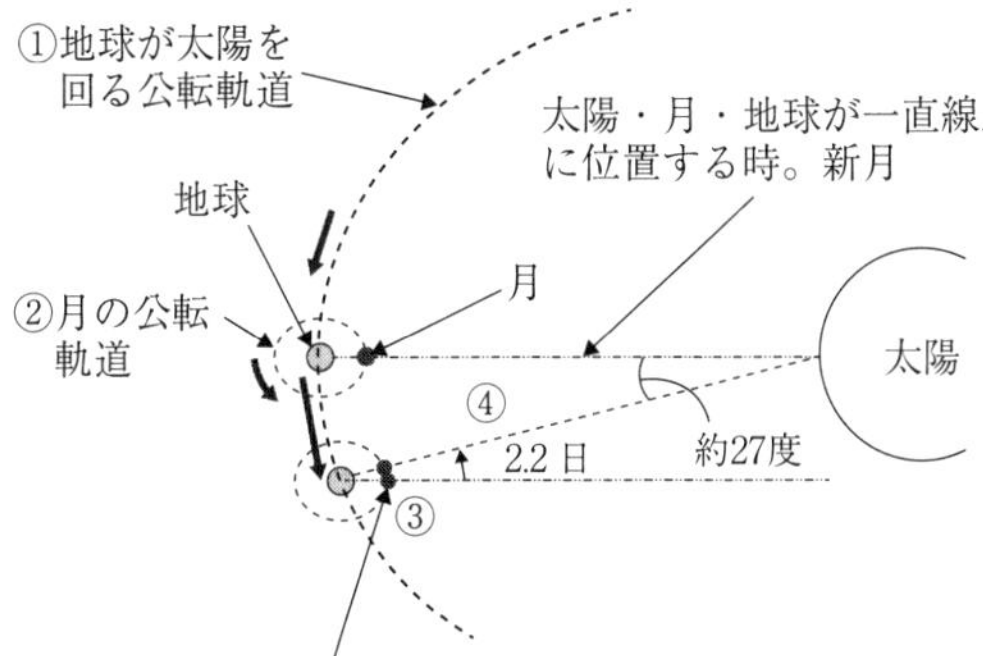

③月が27.3日かけて地球を１周した時の位置。
しかし、この27.3日の間に地球は約27度動いており、太陽・月・地球が一直線上にはなく、月の形は新月とはならない。

新月になるために月はさらに2.2日地球の周りを④の位置まで動かなければならない。この④の時に新月となる。

したがって、一朔望月は27.3＋2.2＝29.5日となる。

図表１－５　月面の見え方

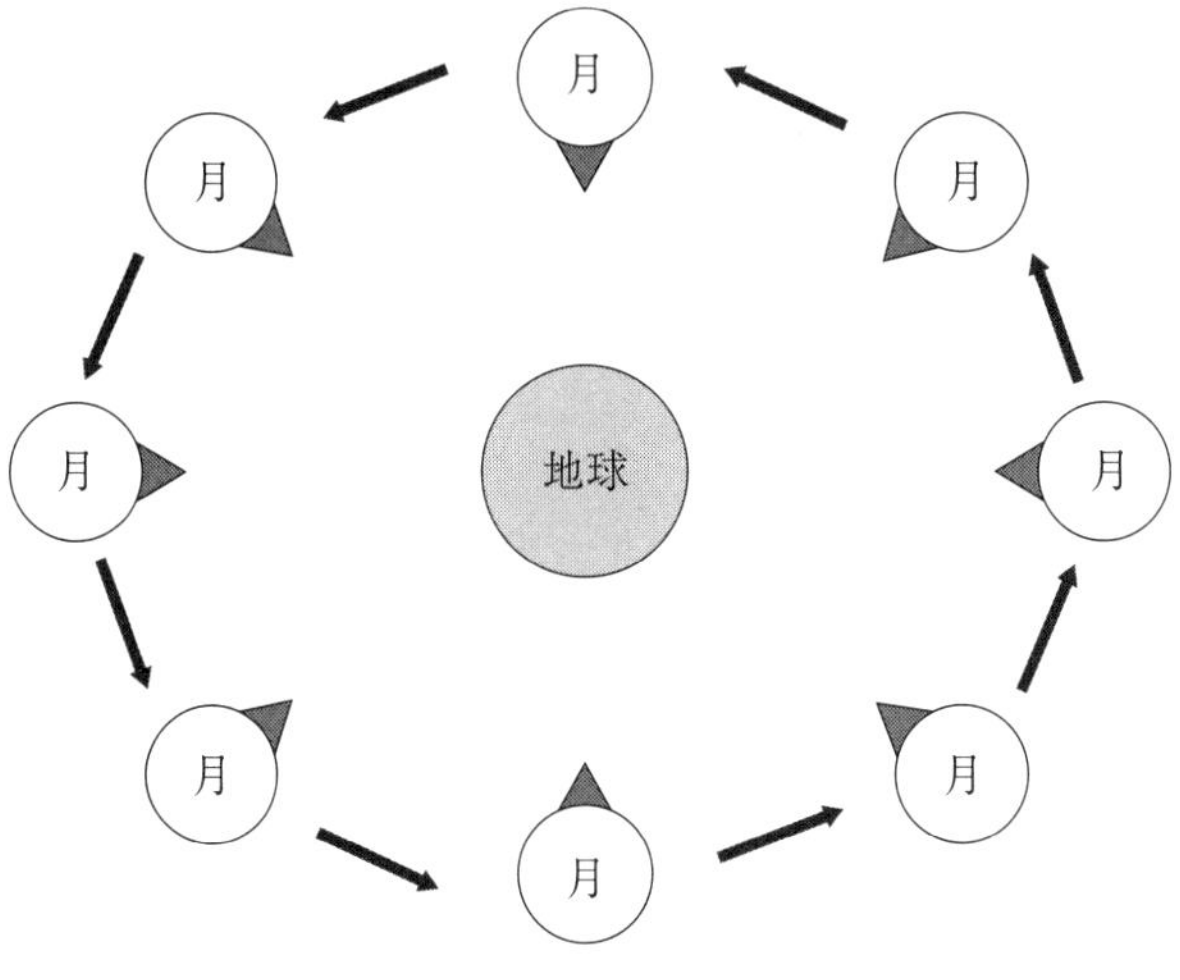

一二時は月齢〇・五、八月二日の〇時〇〇分は月齢一となります。新聞や暦に書かれている月齢は、通常正午を基準としており「正午月齢」といいます。

　さて、月はいつも同じ面を地球に向けていることはご存じでしょうか。ですから、私たちはいつも月の同じ面しか見ていないことになります。いったい、なぜでしょう。これは、月が地球の周りを一公転する間に自転を一回しているからです。そのため、地球から見ると月はいつも同じ面を向けていることになり、私たちは月の裏側を見ることができないのです（**図表1－5**参照）。

　ところで、季節の違いはどうして起こるのでしょうか。これは、地球の地軸（地球が自転する回転軸）が公転軸（地球が太陽を回る公転面に立てた垂線）に対して二三・四度傾いているためです。もし、地軸が傾いていなければ季節が生じることはありません（**図表1－6**参照）。

図表1－6　季節が発生する理由

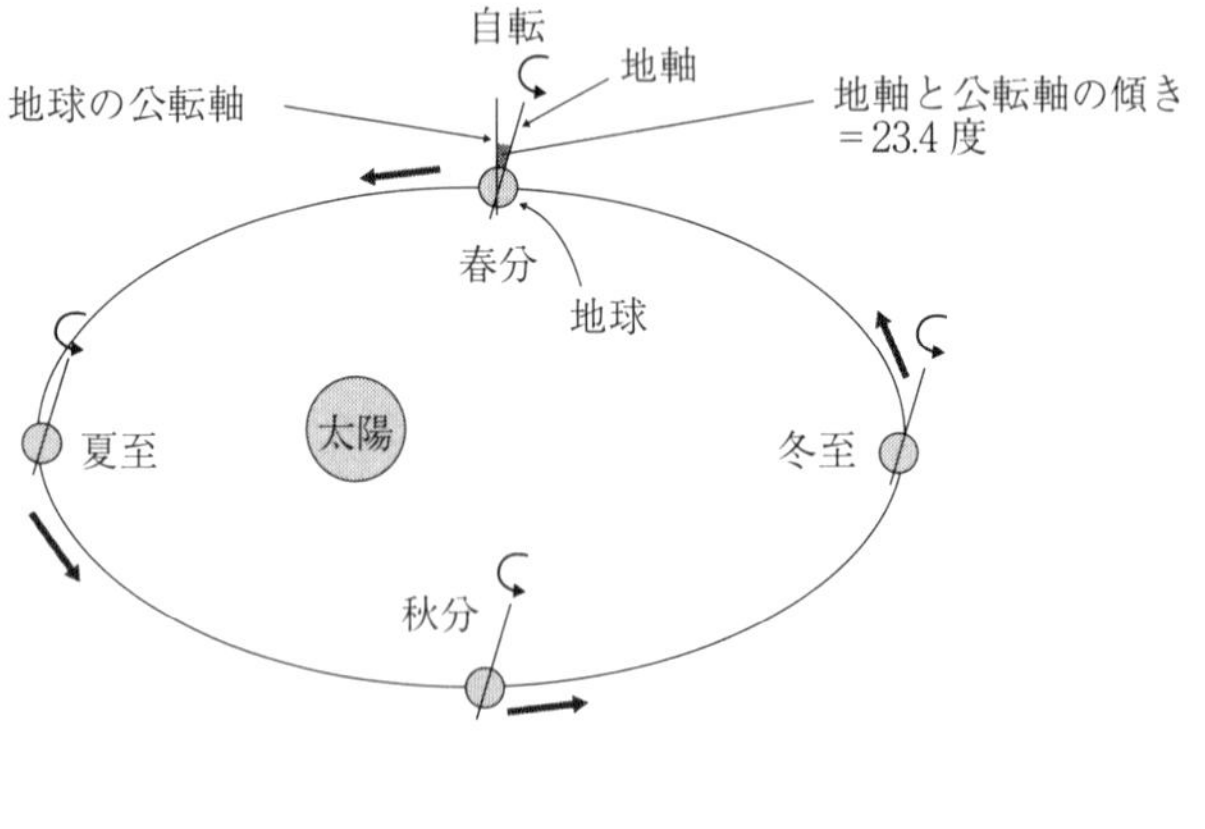

（５）三つの太陽暦

シリウス暦

太陽暦は、太陽の回帰年《かいきねん》を一年とした暦法（暦に関する法則）で、暦と季節の間にずれはありません。しかし、前述した月の運行と暦は一致しません。

太陽暦の歴史は古く、紀元前四二〇〇年ころ、古代エジプトでつくられて発達しました。古代エジプト人は、毎年夏至のころに起きるナイル河の氾濫《はんらん》と、日の出直前にシリウス（おおいぬ座）が東の空に出現することを観察によって気付き、一年が三六五・二五日になることを知ったのです。つまり、太陽暦はこの「シリウス暦」（エジプト暦）がはじまりであると考えられます。ちなみに、紀元前二二三八年、シリウス暦は四年に一度の閏年に一日の閏日を入れていたとされています。

それにしても、古代人の観察力には驚いてしまいます。現代人も、日々の変化にもう少し注意を払う必要があるのかもしれません。

ユリウス暦

時代を先に進めましょう。古代ローマ帝国では太陰太陽暦を使っていたのですが、ユリウス・

カエサル（Gaius Julius Caesar, BC100?～BC44）が太陽暦に切り替えました。紀元前四六年に改暦されたこの暦は、彼の名前を冠して「ユリウス暦」と呼ばれています。

実は、カエサルがローマの終身独裁官になったとき、暦と天行（季節）に三か月ものずれがありました。そのため、九〇日もの長い閏を挿入することで暦と天行を合わせたわけですが、その結果、その年は一年が四四五日にもなってしまいました。しかし、これによって暦と季節の乱れに終止符が打たれたのです。

このユリウス暦は、平年三六五日、四年ごとに三六六日とする暦法です。その後ローマ帝国は滅亡しましたが、このユリウス暦は長きにわたってヨーロッパに定着しました。

グレゴリオ暦

ユリウス暦は一年を三六五・二五日としていたので、実際の一年と比べると一一分一四秒ほど長いものでした。このため、一二八年経つと暦と天行の誤差がおよそ一日となり、一六世紀になると実際の春分と暦の春分の差が一〇日に達していました。そこで一五八二年、ローマ法王グレゴリウス一三世（Gregorius xiii, 1502～1585）が、ユリウス暦の改暦を行ったわけです。それが、「グレゴリオ暦」と呼ばれているものです。

この改暦では、春分を暦に合わせるために日付を一〇日先に進め、一〇月四日の翌日を一〇月一五日としました。グレゴリオ暦では、一年を三六五・二四二五日として、四〇〇年に三回の閏《うるう》を省略しています。その省略の仕方ですが、まず西暦が四で割り切れる年は閏年とします。そして、一〇〇で割り切れるけれど四〇〇で割り切れない年は閏年にしないというものです。この決まりにより、天行と暦の誤差が一万年にわずか三日という精度になりました。

このグレゴリオ暦は現在私たちが使っている暦のことで、ほとんどの国で使われています。日本では、明治六（一八七三）年の改暦の際にアジアで初めて採用しましたが、当時はそれまでの暦と区別して「新暦」と呼び、太陰太陽暦を「旧暦」といって区別していました。

（6）世界暦

「世界暦」というものが国際連盟や国際連合に提案されたことがあります。世界暦とは、一九三〇年一〇月二一日にエリザベス・アケイリス（Elisabeth Achelis）という女性が「世界暦協会（The World Calendar Association）」を設立し、名付けられたものです。一八三四年にイタリアの修道士マルコ・マストロフィニ（Marco Mastrofini）によって考案された「固定暦」が原型となっています。

この暦は一年を三か月ごとの四半期に区分し、最初となる一月、四月、七月、一〇月を三一日

コラム① 暦の回帰性のおもしろさ

現在、私たちが使用しているグレゴリオ暦（太陽暦）の決まりは単純で、１週間が７日、４年に一度、１日の閏《うるう》日が入るというものです。この暦は、

７（１週間の日数）×4（平年と閏年の合計）＝28

というように、28年で回帰（元に戻る）します。日付と曜日を知るのに便利なグレゴリオ暦は、29年目から再び同じ日付と曜日の28年間が始まります。

一方、旧暦（太陰太陽暦）ではどうでしょうか。例えば、旧暦の決まり事が「十干十二支」と「十二直」だけだとしても

60（十干十二支）×12（十二直）＝720

となり、回帰するのに720年を要します。旧暦には日食や月食の天体現象、月の大小、二十八宿、八将神、納音などの占い事、二十四節気、七十二候なども織り込まれており、それらのすべての数字を掛け合わせたものが旧暦の回帰年ということになります。これを、約130億年と計算した人がいます。

一時、「世界暦」が考えられたことがあります。本文でも説明したように、４年に一度、閏日が１日入る決まりがあるだけで、その他は毎年、同じ日が繰り返されます。結局、採用されなかったのですが、イタリアの修道士が考えたこの暦の回帰年は４年ということになります。

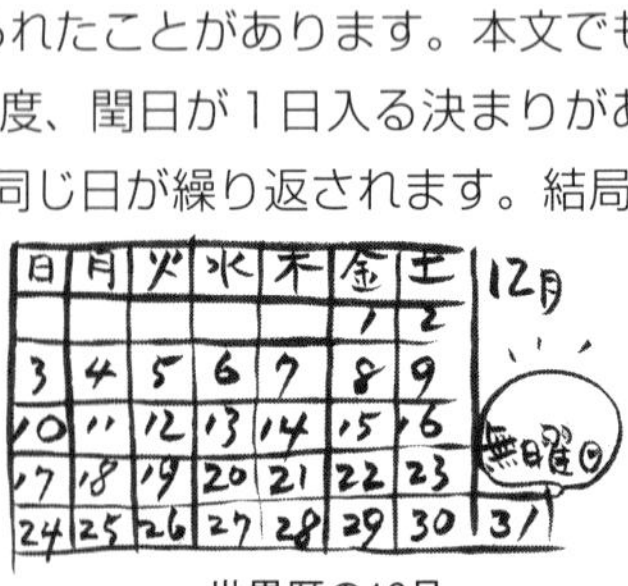

世界暦の12月

（一日は日曜日に固定）とし、他の月を三〇日にするというものです。こうすると、一区分は一週間が一三回繰り返される九一日になり、一年はそれが四回繰り返されるという単純なものになります。そして、余った一日は一二月三〇日の翌日に、また閏年の一日は六月三〇日の翌日に置いて、「無曜日」としました。

毎年同じ暦でよいので、刷り直す必要のないことを利点としたようです。もし、これが採用されていたら、各国の祝日のあり方も大きく変わっていたかもしれません。

しかし、世界中に広く定着しているグレゴリオ暦の改暦は社会生活全般に及ぼす影響が大きいことをはじめとして、採用したときの利益や効果が計算しにくいために改暦への気運が衰退し、採用には至りませんでした。

3　日本の暦

七世紀から一〇世紀にかけての日本では、中国から持ち帰った暦法に基づいて、毎年、陰陽寮《おんみょうりょう》で筆写《ひっしゃ》作成していました。その後、鎌倉時代や室町時代になると暦の需要が高まり、地《ち》方暦《ほうれき》も出現しました。主な暦としては、東北地方では会津暦《あいづごよみ》、関東地方では鹿島暦《かしまごよみ》、大宮暦《おおみやごよみ》、三嶋暦、近畿地方で京暦《きょうごよみ》、南都暦《なんとごよみ》、大坂暦《おおさかごよみ》、丹生暦《にうごよみ》などがありました（xiiページ参照）。それぞれが「宣明暦経《せんみょうれききょう》」（宣明暦の注釈書のこと。九ページも参照）を用いて独自に推算《すいざん》・造暦《ぞうれき》を行っていたようです。

寛平《かんぴょう》六（八九四）年に遣唐使が廃止されてからは中国から新しい暦が入ってこなくなったので、日本では、宣明暦が八二三年間にわたって使用されました。当時の日本には、暦をつくる技術や知識がなかったのです。

唐の時代につくられた宣明暦は、当時としてはかなり精巧なものでしたが、天体観測の技術がなかった日本では、月や太陽の運行の数値にわずかな誤差がありました。そのため、長い間この暦を使い続けていると天体と暦の差が大きくなり、日食や月食の予報が外れるようになったのです。

そこで江戸幕府は、改暦を行って日本独自の精度が高い暦をつくるように渋川春海《しぶかわはるみ》（一六三九～一七一五）に命じました。渋川春海は、江戸初期の天文暦学者であり、囲碁棋士、神道家でもありました。彼は中国の授時暦《じゅじれき》をもとに長年の観測結果を用い、京都を基準とした大和暦《やまとれき》（日本初の国産暦）を完成させました。この暦が朝廷に採用され、当時の元号をとって「貞享暦《じょうきょうれき》」と呼ばれました。

このような暦は、どのようにして人びとに配布されていたのでしょうか。実は、鎌倉時代に木版刷りの暦が現れています。刷られた暦のことを「版暦《はんれき》」や「摺暦《すりごよみ》」と呼んでいました。その技術は江戸時代にも受け継がれたのですが、貞享の改暦以降、暦師は幕府の天文方から配付された原稿どおりに作成しなければならず、独自の暦注(1)を記載することは禁じられていました。

4　三嶋暦

京暦に次いで古い歴史をもつといわれる暦が、本書で紹介する三嶋暦です。本書の執筆者の一人である河合龍明氏の祖先が伊豆国の三島に土地を賜り、天文台を設けて作暦したのがはじまりといわれています。「三嶋暦」と明記された現存する最古のも

(1)　暦の中段、下段に記載されている注記のことで、日の吉凶に関することが多い。

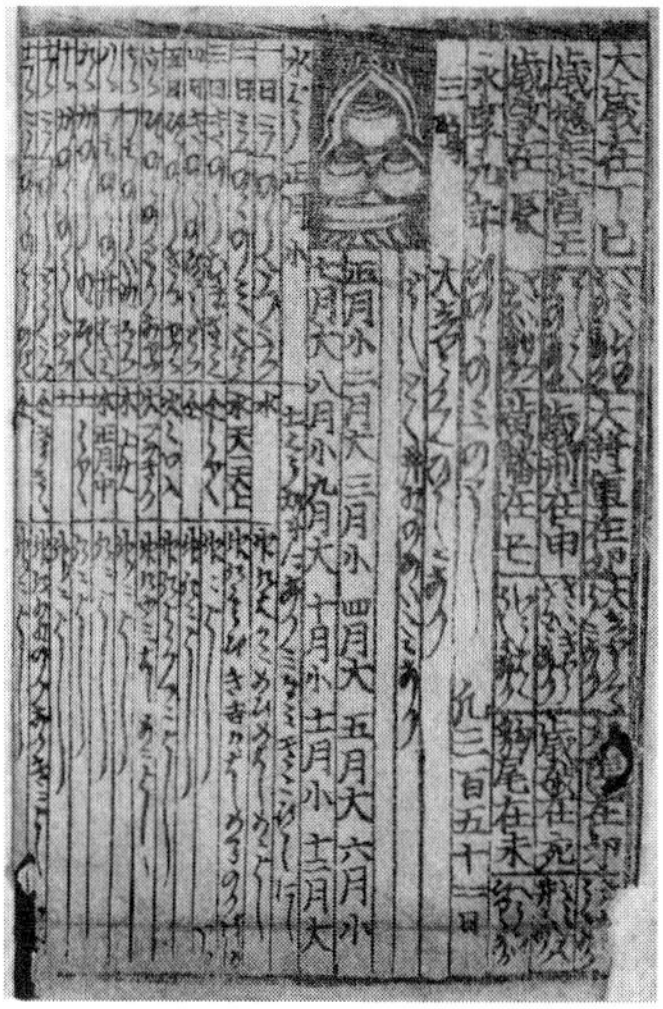

永享９（1437）年の三嶋暦（複製）
（足利学校蔵）

のは、栃木県の足利学校に所蔵されている『周易』の古写本に表紙の裏張り（補強用）として使われている永享九（一四三七）年のものです。

ちなみに、文献上でもっとも古い「三嶋暦」の記録としては、鎌倉時代から室町時代に活躍した義堂周信《ぎどうしゅうしん》（一三二五〜一三八八）という禅僧が書いた『空華日用工夫略集《くうげにちようくふうりゃくしゅう》』の応安《おうあん》七（一三七四）年三月四日の条に、「熱海に浴す。けだし三島暦は、この日を以て上巳節（三月三日のこと）となす……」とあり、一四世紀後半には三嶋暦が存在していたことがわかります。

この義堂周信という僧は、鎌倉では瑞泉寺《ずいせんじ》、京都では建仁寺《けんにんじ》、南禅寺《なんぜんじ》、等持寺《とうじじ》の住職を務めた人物です。古都めぐりをされる際には参考になりますので、記憶の片隅に留《とど》めておかれてもいいでしょう。

三嶋暦は、もともと三島神社（三嶋大社）への献上暦として作成されていた巻暦でした（本章トビラ写真参照）。しかしその後、京暦よりも先に仮名版暦《かなはんれき》（平仮名で印刷した暦）として有名になっていたために版暦＝三嶋暦となり、室町時代には京都の版暦が「三島」の名で呼ばれたようです。ただ、三嶋暦は河合氏が代々独自に推算をしていたため、京暦と月の大、小が相違することがありました。

第2章 江戸時代の三嶋暦を読む

1 天保暦《てんぽうれき》とは

貞享《じょうきょう》元（一六八四）年、渋川春海《しぶかわはるみ》によって初めて日本独自の暦がつくられたことは前述しました。この暦は「貞享暦《じょうきょうれき》」と呼ばれるもので、当時用いられていた宣明暦《せんみょうれき》の不適合（経度の違い）を発見し、長きにわたる天体観測に基づいてつくられたものです。その後、「宝暦暦《ほうりゃくれき》」「寛政暦《かんせいれき》」と改暦《かいれき》(1)があり、太陰太陽暦（旧暦）最後の暦としてつくられたものが、ここで紹介する「天保暦」です。

天保の改暦で、それまでの暦と大きく変わったことが二つあります。まず一つは、時刻制度に不定時法《ふていじほう》が採用されたことです。不定時法というのは、夜明け時を昼のはじまり、日暮れ時を昼

（1）　正確な暦をつくることを目的として、使用中の暦を改正または更新し、新しい暦法に改めること。

の終わりとして、昼を六等分、夜を六等分するという時刻制度です。この六等分された一区分を「一《ひと》つ」と呼びました。ですから、夏の「一つ」は昼が長く夜は短くなり、冬はその逆となります。不定時法に対して定時法《ていじほう》というものがありますが、これは季節、昼夜に関係なく、一日の長さを等分して時刻を決める時法です。

そしてもう一つは、第1章で紹介しました二十四節気の時刻表記が変更されたことです。

現在、一般的に「旧暦」と呼ばれているのは天保暦のことで、正式には「天保壬寅元暦《てんぽうじんいんげんれき》」といいます（四ページも参照）。それでは、天保一五（一八四四）年の「三嶋暦」には、いったいどのようなことが書かれているのかを具体的に見ていきましょう。

2　三嶋暦の体裁

三嶋暦には、巻暦《まきごよみ》、綴暦《とじごよみ》、略暦《りゃくれき》（柱暦《はしらごよみ》）の三種類がありました。一般的に使われていたのは綴暦でした。職人によって彫られた版木に墨を塗り、和紙に印刷したものを中折りで和綴じにしたものです。版木は一年分が八枚となっており、ページ数は一六ページとなります。一～二ページが「暦首《れきしゅ》」と呼ばれる部分で、三～一六ページまでに毎月の日付などの天文科学的なことをはじめとして、その日の吉凶や、やって良いことや悪いことなどの迷信的な事柄などが記載されています。おそらく、当時の人たちは毎朝暦を読んでは、その日に何をしようかと決めていたものと思われます。

さっそく、綴暦を読んでいきましょう。なお、以下の小見出しの上に付けられている丸数字は、次ページに掲載した**図表2－2**に打たれた番号と符合しています。書かれている場所ごとに説明をしていきます。

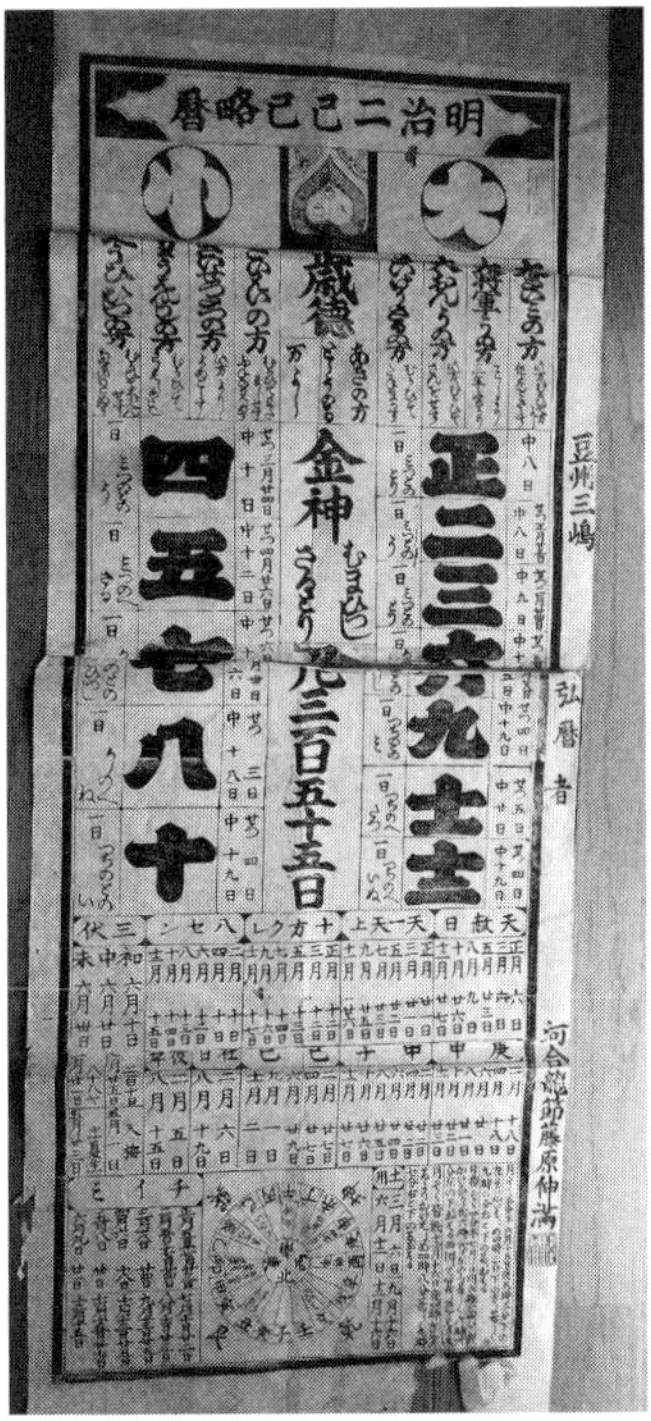

明治２（1869）年の略暦（三嶋暦）

嘉永６（1853）年の綴暦（三嶋暦）

図表２－１　天保十五甲辰年の三嶋暦

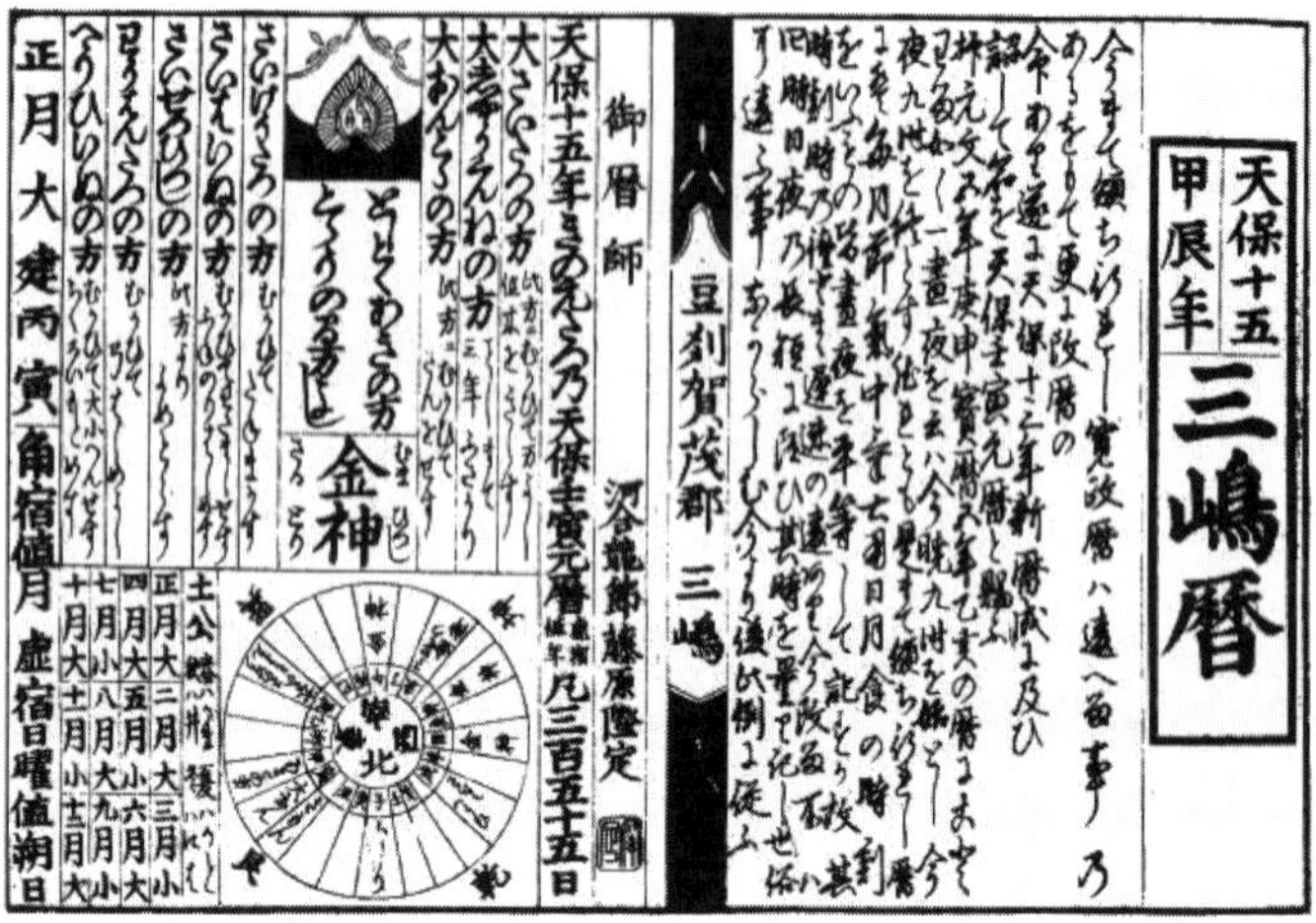

図表２－２　上記の説明用に番号を符したもの

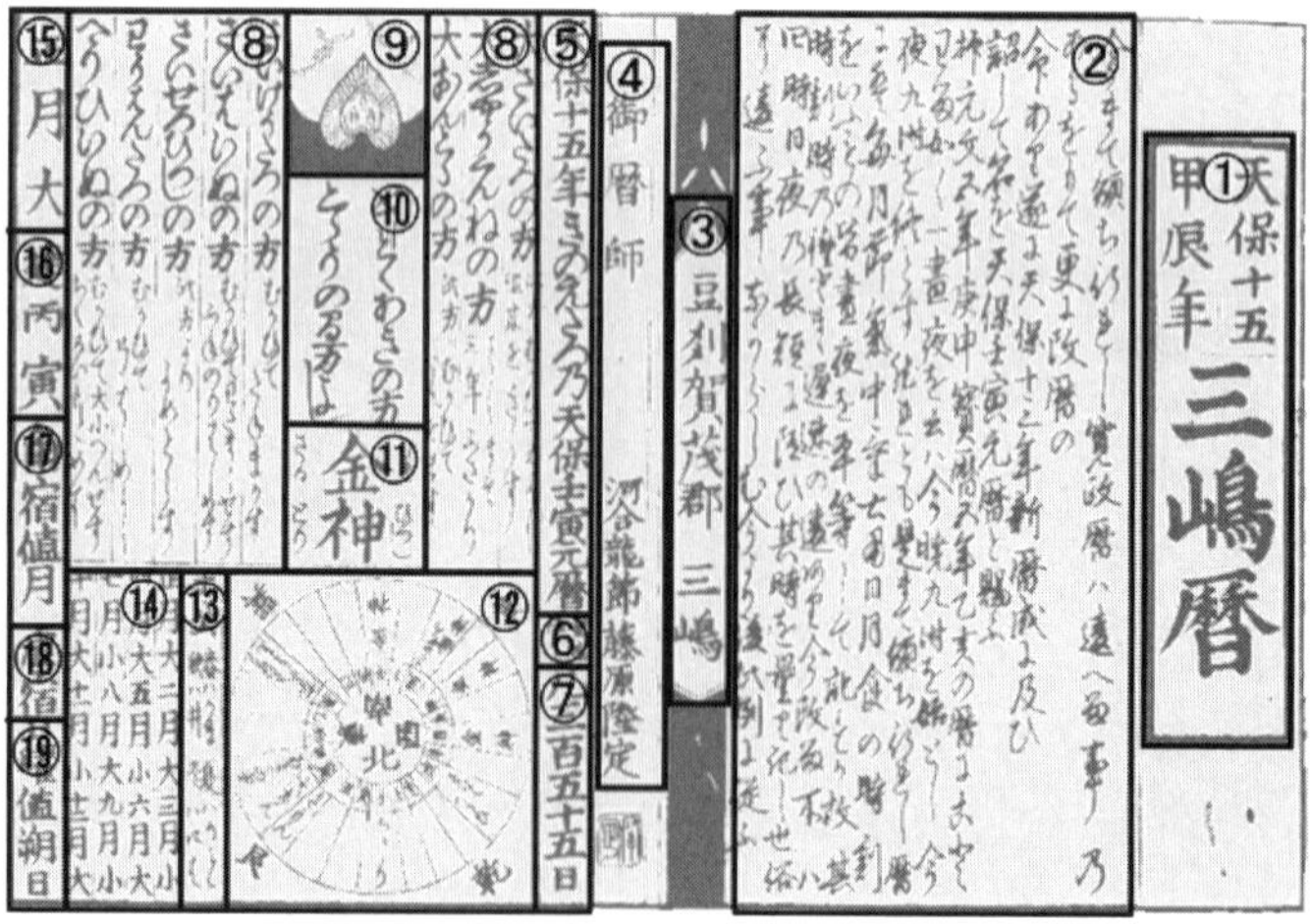

（1）暦首を読む

①天保《てんぽう》十五甲辰《きのえたつ》年　三嶋暦

まずは、「三嶋暦」という文字についてお話しします。伊豆国一宮である三嶋大社は、古くより三島の地に鎮座していて、その神社名の「三嶋」が地名の由来にもなっています。現在は「三島」と書くのが一般的となっていますが、「三嶋大社」や「三嶋暦」などは旧字の「嶋」を使っています。

また、「曆」という字をよく見ると、現在の「暦」とは違って、日の上に「木」が二つではなく「禾《か・のぎ》」が二つ使われています。この「曆」という字は「厤《れき・りゃく》」と「日」からなっていますが、「厤」は屋根を表わす「厂（がんだれ）」と稲穂を表す「禾」の二つからできていて、収穫した稲束を屋根の下に順序よく並べるという意味をもっています。そうしたことから、日や月の動きを順序よく、次々と配列したものが「曆」ということになります。

ここで掲載した**図表2－1**は天保一五年の三嶋暦で、十干《じっかん》（甲・乙・丙・丁・戊・己・庚・辛・壬・癸）と十二支（子・丑・寅・卯・辰・巳・午・未・申・酉・戌・亥）を組み合わせた六〇を周期とする干支《えと》は「甲辰《きのえたつ》」です。天保一五年は弘化《こうか》元年でもあるのですが、一二月一日までが天保で、それ以後、弘化となりました。

②改暦の理由（天保一五年の暦にのみ記載）

ここに記されているのは改暦の理由です。まずは原文を紹介します。

今まで頒《わか》ち行れし寛政暦ハ違《たが》へる事乃《の》
あるをもて更《さら》に改暦の
命《めい》あり遂《つい》に天保十三年新暦成《なる》に及ひ
詔《しょう》して名を天保壬寅元暦と賜《たま》ふ
抑《そもそも》元文《げんぶん》五年庚申《かのえさる》宝暦《ほうれき》五年乙亥《きのとい》の暦にこと
わる如く一昼夜を云ハ今暁《こんぎょう》九時を始とし今
夜九時を終とす然《しか》れとも是まて頒ち行れし暦
には毎月節気中気土用日月食の時刻
をいふもの皆昼夜を平等して記すか故其
時刻時乃鐘《ときのかね》とまゝ遅速《ちそく》の違《ちがい》あり今改る所ハ
四時《しとき》日夜乃《の》長短に随《したが》ひ其時を量《はか》り記し世俗
に違ふ事なからしむ今より後此例《このれい》に従ふ　（原文ママ）

これを現代文に訳しますと次のようになります。読まれたらわかるように、なかなか明解な改暦理由となっています。

今まで使ってきた寛政暦は、ずれが生じたため改暦の命が下り、天保一三年に新暦ができた。この暦に「天保壬寅元暦」という名を天皇から賜わった。

元文五年や宝暦五年の暦のように、一昼夜は「今暁九つ（午前〇時）」から「今夜九つ（午後一二時）」までとする。しかし、これまで使われてきた暦では、毎月の二十四節気や土用、日食、月食の時刻について一日を一二等分した定時法で表記したため、時の鐘と合わないことがあった。ここで改めるのは四季にあわせ昼夜の長さをはかり、世間が利用している時刻と違うことがないように不定時法を使うことにする

③**豆州《ずしゅう》賀茂郡《かもぐん》　三嶋**

天保一五年のこの三嶋暦は、伊豆国賀茂郡《かもぐん》の三嶋でつくられたということです。周辺は君沢郡だったのですが、江戸時代から明治一〇年ころまでは、三嶋大社をはじめ、そこに仕える人たちが住んでいた社家村《しゃけむら》は、神領域として賀茂郡に属していたことがわかります。現在の地名でいうところの静岡県三島市となります。

④御暦師《おこよみし》　河合龍節藤原隆定《かわいりゅうせつふじわらのたかさだ》

ここに記されているのは、暦の製作者名です。暦を製造販売していた人を「暦師《こよみし》」といいます。この暦では、河合龍節が暦師というわけです。「河合」は苗字で、「龍節」というのは通称です。当時の日本では、身分の高い人を実名で呼ぶことは禁忌《きんき》とされていました。河合龍節の下にある「藤原隆定」という表記は諱《いみな》というもので、生前の実名です。藤原が氏族名で、隆定が実名となります。ちなみに、藤原の代わりに賀茂を名乗ったこともあります。

⑤天保十五年きのえたつ乃天保壬寅元暦

先に説明したように、この暦は天保一五年のものであり、干支は甲辰《きのえたつ》となっています。天保の改暦で改められた暦法《れきほう》の「天保壬寅元暦」でつくられたこともわかります。

⑥虚宿《きょしゅく》　値年《としにあう》

この年の二十八宿《にじゅうはっしゅく》は虚宿という意味です。二十八宿とは、月が地球を一周する間に通過する二八の星座のことをいいます。本来は、月の位置から太陽の位置を推定するためのものでしたが、やがて年月日などの吉凶判断に用いられるようになりました。

奈良県の高松塚古墳やキトラ古墳内部の天井には、二十八宿の星座が描かれているほか、四方の壁には四神獣《ししんじゅう》を配し、そこに七宿ずつ置きました。以下がそれぞれの方角と七宿になります。

東方青龍七宿《とうほうせいりゅうしちしゅく》――角《かく》、亢《こう》、氐《てい》、房《ぼう》、心《しん》、尾《び》、箕《き》
北方玄武《ほっぽうげんぶ》**七宿**――斗《と》、牛《ぎゅう》、女《じょ》、虚《きょ》、危《き》、室《しつ》、壁《へき》
西方白虎《せいほうびゃっこ》**七宿**――奎《けい》、婁《ろう》、胃《い》、昴《ぼう》、畢《ひつ》、觜《し》、参《しん》
南方朱雀《なんぽうすざく》**七宿**――井《せい》、鬼《き》、柳《りゅう》、星《せい》、張《ちょう》、翼《よく》、軫《しん》

⑦凡《およそ》**三百五十五日**

天保一五年は一年が三五五日であった、という表記です。先にも述べましたように、旧暦というのは月の動きが基になっていますので一年は三五四日前後になります。太陽暦は一年三六五日ですから、旧暦では一一日ほど足りず、三年経つとおよそ一か月分が足りなくなるために季節と暦が合わなくなります。そのため、およそ三年に一回（正式には一九年に七回）「閏年《うるうどし》」を設け、一か月を加えた一三か月の年にすることによって季節を合わせるようにしました。

この加えた一か月を「閏月《うるうづき》」といいます。したがって、「閏年」は一年が三八四日前後になって、天保一五年とは一年の日数が変わってきます。

⑧その年の吉凶の方位と禁忌を示す

ここに書かれているのは、太歳神をはじめとする八人の方位の神様である「八将神《はっしょうじん》」に関する、その年の吉凶の方位と禁忌を説明したものです。簡単にいえば、その年の方角における注意事項ということです（原文のあとは解説です）。

大さいたつの方　此方ニむかひて万よし　但木をきらす
大志ゃうくんねの方　ことしまて三年ふさかり
大おんとらの方　此方ニむかひてさんをせす
さいけうたつの方　むかひてたねまかす
さいはいいぬの方　むかひてわたましせす　ふねのりはしめす
さいせつひつしの方　此方よりよめとらす
わうはんたつの方　むかひて弓はしめよし
へうひいぬの方　むかひて大小へんせす　ちくるいもとめす（原文ママ）

太歳神辰《たいさいじんたつ》の方《かた》（**東南東**）――八将神のなかで唯一の吉神。一二年で一二方位をめぐり、その年の十二支と同じ方位にいます。吉神であっても、この方位での樹木を伐採することや草刈りなど

に対しては凶神になります。

大将軍子の方《だいしょうぐんね》**（北）**——三年間同じ方位にいるため「三年ふさがり」と呼ばれる凶神で、「ことしまて」となっていますので三年目を迎えたことになります。この方位での普請、旅行、移転、土を動かすことなどは凶とされています。

大陰神《だいおんじん》**寅**《とら》**の方（東北東）**——太歳神の后《きさき》といわれ、女神ですが凶神です。方位はいつも太歳神の二つうしろにいます。この方位でのお産や婚姻は凶となりますが、それ以外については吉とされています。

歳刑神《さいぎょうじん》**辰の方（東南東）**——殺罰を司る凶神で、とくに種まきや樹木の伐採、土を動かすことなどは凶とされています。

歳破神《さいはじん》**戌**《いぬ》**の方（西北西）**——いつも太歳神の反対側の方位にいる凶神です。この方位での引っ越しや船に乗ること、婚姻、家の造作などは凶とされています。

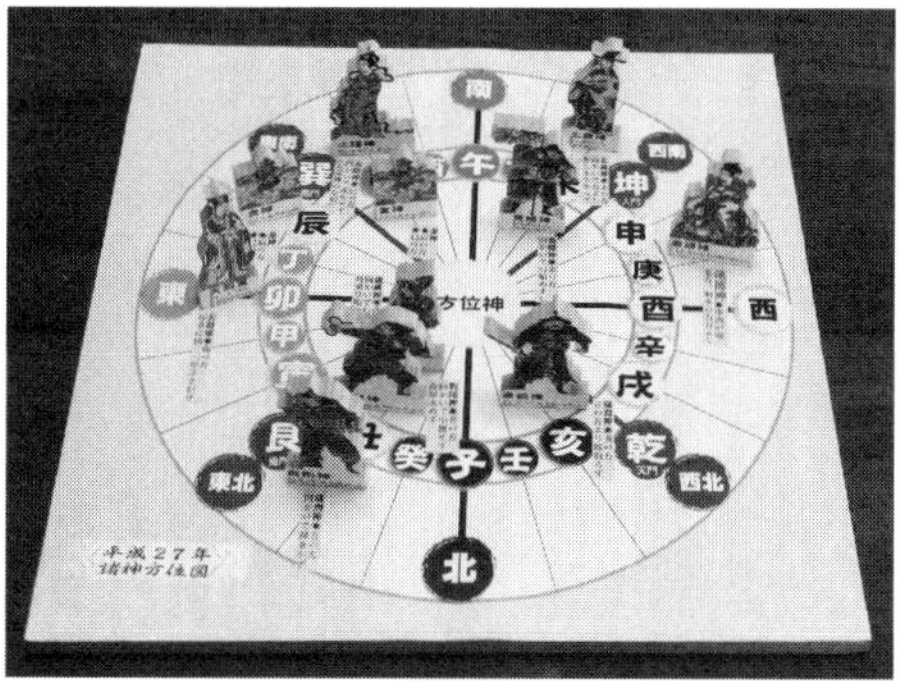

平成27年諸神方位図（三嶋暦師の館に展示）

歳殺神《さいせつじん》未《ひつじ》の方（南南西）——殺伐を司り、万物を滅ぼすといわれる凶神です。方位は丑、未、辰、戌の四方位だけをめぐり、この方位での婚姻は凶とされています。

黄幡神《おうばんじん》辰の方（東南東）——歳殺神と同じように、方位は丑、未、辰、戌の四方位だけをめぐります。土を司る凶神のため、この方位で土を動かすことは凶ですが、武芸のため弓を射ることは吉とされています。

豹尾神《ひょうびじん》戌の方（西北西）——方位はいつも黄幡神の反対側にいます。豹という表記でもわかるようにこの方位で家畜を求めてはいけないとされているほか、不浄を嫌うことからこの方位で大小便をしてはいけないとされています。

⑨何かをはじめるときの吉方位

逆ハート形の中央にある三つの雨粒のようなものは「**三鏡宝珠形**《さんきょうほうじゅぎょう》」と呼ばれ、中央は天星《てんせい》（天皇）玉女《ぎょくじょ》、左は多願玉女《たがんぎょくじょ》、右は色星玉女《しきせいぎょくじょ》という女神を表しています。何かをはじめるときには、この方位に向かって願うとよいとされています。

天星玉女はすべての吉事を、多願玉女は主として旅行を、色星玉女は主として衣類のことを司ります。それぞれの方位は「節切《せつぎり》」といって、二十四節気の節気から次の節気（たとえば立春から啓蟄）の前日までをひと月として毎月移動していきます。

⑩この年の吉となる方位

ここに書かれているのは「**としとくあきの方　とらうの間万よし**」というものです。この年の「**歳徳神**《としとくじん》」がいる方位は寅卯《とらう》の間だということです。寅卯とは、現在でいうところの東北東を指します。歳徳神は女神で、「歳神《としがみ》さま」とか「正月さま」とも呼ばれています。この歳徳神のいる方位を「明《あ》きの方」あるいは「恵方《えほう》」といい、万事において吉とされています。近年では、節分の夜に恵方を向いて太巻き寿司（恵方巻）を食べると吉が舞い込むという慣習が根付いていることはご存じでしょう。ちなみに、歳徳神は決められた四つの方位を巡ります。

⑪この年の凶となる方位

書かれている文字は「**金神**《こんじん》　**むま　ひつじ　さる　とり**」です。常に、歳徳神の反対方位にいる金神は戦争や災害を司る凶神です。この神がいる方位では人心も冷酷非道になるということで、鬼門《きもん》(２)以上に恐れられ、窓も開けてはいけないとされてきました。金神は、少ない年で二方位に、多い年では六方位にいることがあります。

（２）東北の方位（艮）のこと。鬼が出入りする口と忌み嫌われ、この方位に玄関やトイレなどをつくると災いを招くといわれている。

⑫方位図《ほういず》

この年に、八将神や歳徳神、金神などがいる方位、鬼門などを図で示したものです（三七ページ写真参照）。南が上になるので、東は左、西は右となります。

四隅の艮《ごん》、巽《そん》、坤《こん》、乾《けん》の四つの文字は方位を表しています。東北＝艮《うしとら》・鬼門、東南＝巽《たつみ》・風門、西南＝坤《ひつじさる》・人門、西北＝乾《いぬい》・天門となります。艮は方位が丑寅の間、巽は辰巳の間、坤は未申の間、乾は戌亥の間のため、かっこ内の呼び方もあります。

⑬土を司る神

ここには「**土公神《どくじん》　春ハかま　夏ハかと　秋ハ井　冬ハには**」と書かれています。土を司る神についての説明で、土用の期間中に土を動かすことは凶とされています。四季によって位置を変え、春はかまど、夏は門、秋は井戸、冬は庭にいて、その場所の土を動かすことはいけないとされています。現在では、夏の土用だけがよく知られています。

⑭月の大小《だいしょう》

天保暦では、ひと月が三〇日だと「大の月」、二九日だと「小の月」とされていました。第1章でも触れましたが、この時代、物品の売買はツケで行われており、支払いが晦日《みそか》（月末）払いというのが通常であったため、晦日を間違わないようにする必要があったのです。月の大小は毎年違っていました。それだけに、売り掛けの回収という大事なことを暦に掲載したり、板に大・小と書いた「大小告知板」を商店やお寺の本堂に吊るしたりして注意を呼び掛けたわけです（一五ページの写真参照）。

⑮から⑲に書かれている内容は簡単なお知らせです。

まず、⑮には「**正月大**」と書かれており、「天保一五年正月（一月）は『大の月』」ということが告知されています。⑯には「**建丙寅**《ひのえとらにおざす》」という文字が見えますが、その意味は、正月節（立春）のあと最初に来る寅の日が十二直（四四ページ参照）の「建《たつ》」になるということです。

そして、⑰には「**角宿値月**《かくしゅくつきにあう》」という文字が読めます。正月（一月）の二十八宿（三四ページ参照）は「角《かく》」であることを伝え、⑱の「**虚宿**《きょしゅく》」で、正月一日（朔日）の二十八宿は「虚《きょ》」であることを示しています。

最後となる⑲には「**日曜値朔日**《にちようさくじつにあう》」と書かれており、正月一日の七曜(3)は「日曜」であることが示されています。

---

(3)　日（太陽）と月に木星、火星、土星、金星、水星の五つの星の総称で、七曜星ともいう。

日本に七曜が伝えられたのは平安時代の初めころで、空海《くうかい》（弘法大師《こうぼうだいし》・七七四～八三五）が中国から持ち帰った『宿曜経《すくようきょう》』（上下二巻）によるものとされています。この経典では、生まれた日の二十八宿や七曜によって運命を占い、日の吉凶が説かれています。今日のように一週を七日として、それぞれに七曜名を割り当て、日曜日を休日とした形になったのは明治九（一八七六）年四月からです。

（2）正月（一月）を読む

具体的に「正月」と「二月」の暦を見ていきましょう。**図表2－4**において、①に記されているのは**日付**で、②には**十干十二支**《じっかんじゅうにし》が書かれています。

十干とは、甲《きのえ(こう)》、乙《きのと(おつ)》、丙《ひのえ(へい)》、丁《ひのと(てい)》、戊《つちのえ(ぼ)》、己《つちのと(き)》、庚《かのえ(こう)》、辛《かのと(しん)》、壬《みずのえ(じん)》、癸《みずのと(き)》のことをいい、数をかぞえるために使っていました。一方、十二支は、天空を一二に分けてそこに動物の名前を付け、子《ね(し)》、丑《うし(ちゅう)》、寅《とら(いん)》、卯《う(ぼう)》、辰《たつ(しん)》、巳《み(し)》、午《うま(ご)》、未《ひつじ(び)》、申《さる(しん)》、酉《とり(ゆう)》、戌《いぬ(じゅつ)》、亥《い(がい)》としたものです。こちらのほうは、若い方々でも年末年始には必ず耳にされることでしょう。かつてよりは少なくなったとはいえ、まだまだ年賀状のやり取りはされていますし、その際に主人公を務めています。

図表２－３　天保十五年の三嶋暦の正月と二月

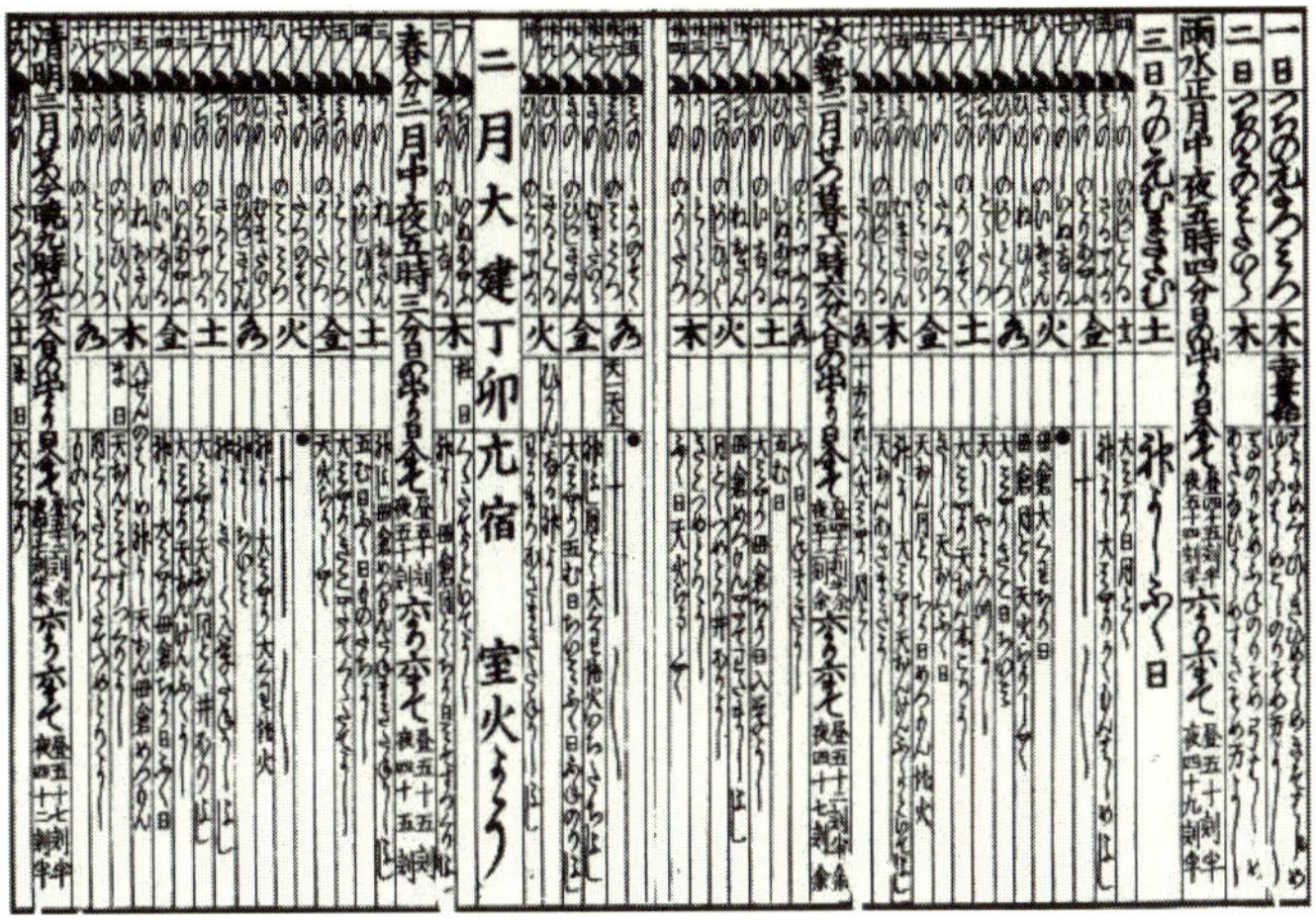

図表２－４　上記の説明用に番号を符したもの

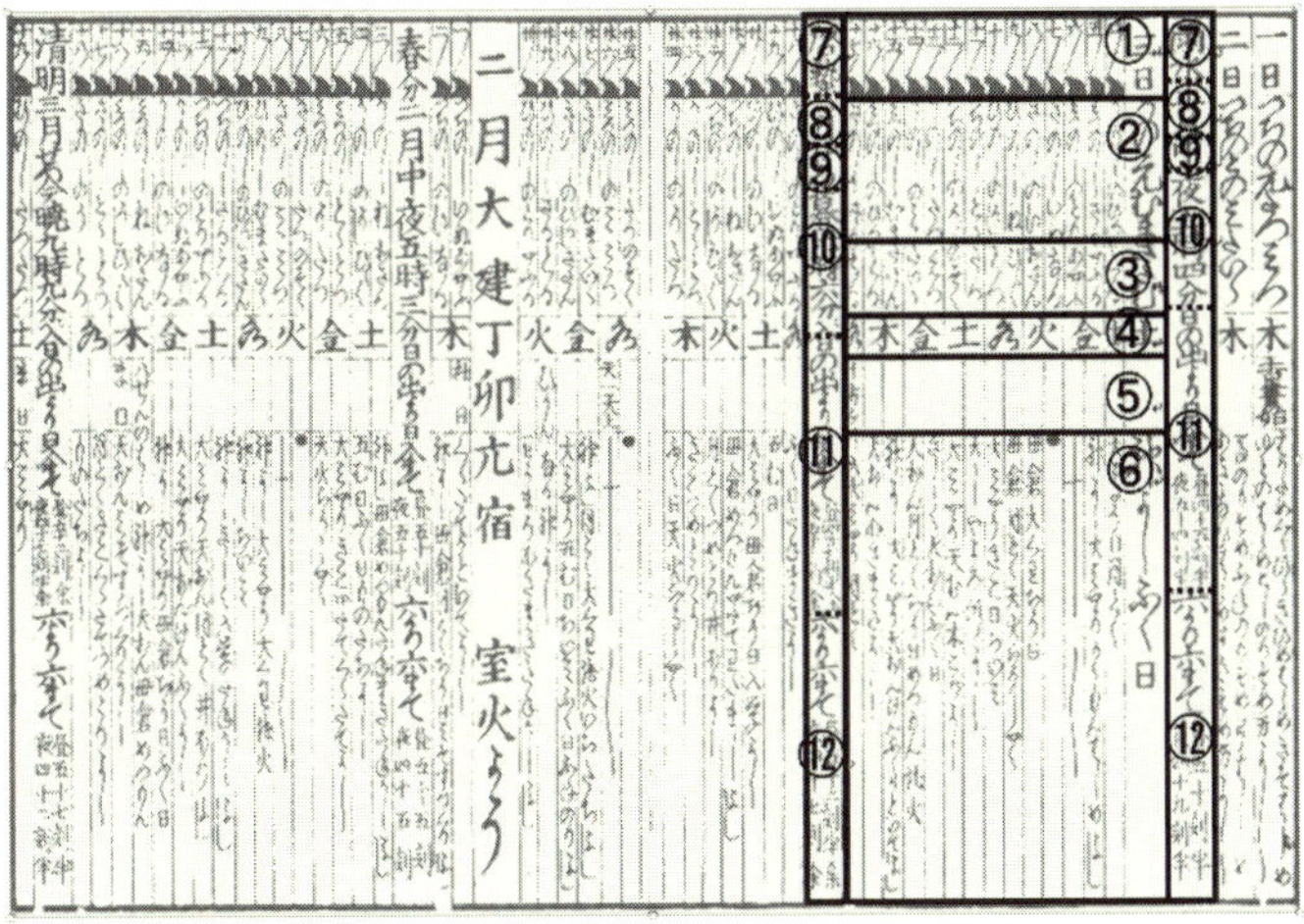

この十干と十二支を組み合わせたものを「十干十二支」または「六十干支《かんし》」といい、以下のような六〇通りの組み合わせになります。

六十干支

甲子《きのえね》・乙丑《きのとうし》・丙寅《ひのえとら》・丁卯《ひのとう》・戊辰《つちのえたつ》・己巳《つちのとみ》・庚午《かのえうま》・辛未《かのとひつじ》・壬申《みずのえさる》・癸酉《みずのととり》
甲戌《きのえいぬ》・乙亥《きのとい》・丙子《ひのえね》・丁丑《ひのとうし》・戊寅《つちのえとら》・己卯《つちのとう》・庚辰《かのえたつ》・辛巳《かのとみ》・壬午《みずのえうま》・癸未《みずのとひつじ》
甲申《きのえさる》・乙酉《きのととり》・丙戌《ひのえいぬ》・丁亥《ひのとい》・戊子《つちのえね》・己丑《つちのとうし》・庚寅《かのえとら》・辛卯《かのとう》・壬辰《みずのえたつ》・癸巳《みずのとみ》
甲午《きのえうま》・乙未《きのとひつじ》・丙申《ひのえさる》・丁酉《ひのととり》・戊戌《つちのえいぬ》・己亥《つちのとい》・庚子《かのえね》・辛丑《かのとうし》・壬寅《みずのえとら》・癸卯《みずのとう》
甲辰《きのえたつ》・乙巳《きのとみ》・丙午《ひのえうま》・丁未《ひのとひつじ》・戊申《つちのえさる》・己酉《つちのととり》・庚戌《かのえいぬ》・辛亥《かのとい》・壬子《みずのえね》・癸丑《みずのとうし》
甲寅《きのえとら》・乙卯《きのとう》・丙辰《ひのえたつ》・丁巳《ひのとみ》・戊午《つちのえうま》・己未《つちのとひつじ》・庚申《かのえさる》・辛酉《かのととり》・壬戌《みずのえいぬ》・癸亥《みずのとい》

これを日に割り当てれば六〇日で、年に割り当てれば六〇年で一巡することになります。みなさんよくご存じの「還暦」という言葉はここから生まれました。

③には「**十二直**《じゅうにちょく》」が書かれています。十二直の「直」とは「当たる」という意味で、昭和のはじめころまでは日々の吉凶を判断するのに使われていました。

次の一二の語がここに記載されています。それが、建《たつ》、除《のぞく》、満《みつ》、平《たいら》、定《さだん》、執《とる》、破《やぶる》、危《あやう》、成《なる》、収《おさん》、開《ひらく》、閉《とづ》で、暦への割当は北斗七星の回転と方位の十二支とを結び付けたもので決められています。それぞれの吉凶は、建＝中吉、除＝小吉、満＝大吉、平＝大吉、定＝小吉、執＝小吉、破＝大凶、危＝大凶、成＝小吉、収＝小吉、開＝小吉、閉＝凶となっていて、吉凶判断としてきわめて重要視されていました。

④に書かれているものは「**納音**《なっちん》」と呼ばれるものです。納音は運命判断の一つとして使われていました。十干十二支に五行《ごぎょう》(4)を割り当て、そこへいろいろな名称を付けて、生まれた日に当てはめて運命を判断しました。

明治から昭和にかけて活躍した俳人の荻原井泉水《おぎわらせいせんすい》（一八八四〜一九七六）は、生年の干支が甲申で、その納音にあたる「井泉水」を俳号としました。ちなみに、同じ俳人の種田山頭火《たねださんとうか》（一八八二〜一九四〇）も井泉水にならって俳号である「山頭火」を納音から付けましたが、これは生まれた年からではなく、単に音の響きがよいので決めたということです。

次の⑤は「暦の中段」と呼ばれ、**雑節**《ざっせつ》と**選日**《せんじつ》が記載されています。貞享のころからと思われますが、暦注《れきちゅう》（二五ページ参照）欄には特別な日が記載されるようになりました。これを「雑節」

（4）古代中国の思想で、自然界は木《もく》、火《か》、土《ど》、金《ごん》、水《すい》、の五つの要素で成り立っているというもの。

といい、二十四節気とともに季節の移り変わりの目印となるものでした。
この雑節は庶民の暮らしに深い関わりをもつもので、現代の暦にも引き継がれています。雑節には次のようなものがあります。

せつふん（節分《せつぶん》）――立春、立夏、立秋、立冬の前日を節分と呼んでいましたが、次第に立春の前日だけを指すようになりました。

ひかん（彼岸《ひがん》）――春分、秋分の日を中日として、前後三日を加えた七日間のことをいい、「ひかんになる（彼岸になる）」が彼岸入りの日となります。

八十八や（八十八夜《はちじゅうはちや》）――立春から数えて八八日目で、新暦の五月二日ころです。

入梅（入梅《にゅうばい》）――もとは芒種のあと、最初にやって来る壬《みずのえ》の日でしたが、現在では太陽が黄道八〇度に達したときをいいます。

はんげしゃう（半夏生《はんげしょう》）――夏至から数えて一一日目をいいます。

とよう（土用《どよう》）――立春、立夏、立秋、立冬の前一八日から一九日の期間のことをいいます。
ここでは、土用に入った日が示されています。

社日（社日《しゃにち》）――春分、秋分にもっとも近い、戊《つちのえ》の日をいいます。この日は、土の神様を祀ります。春の社日は作物の豊作を祈り、秋の社日には収穫物を供えてお礼をします。

図表２－５　相生図

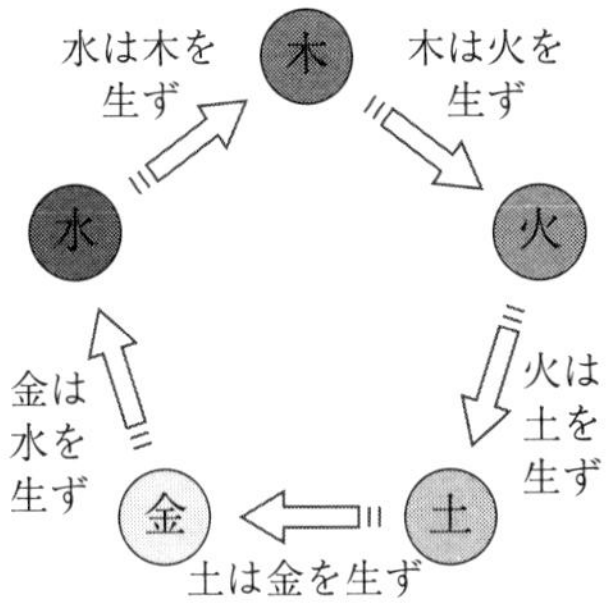

図表２－６　相剋図

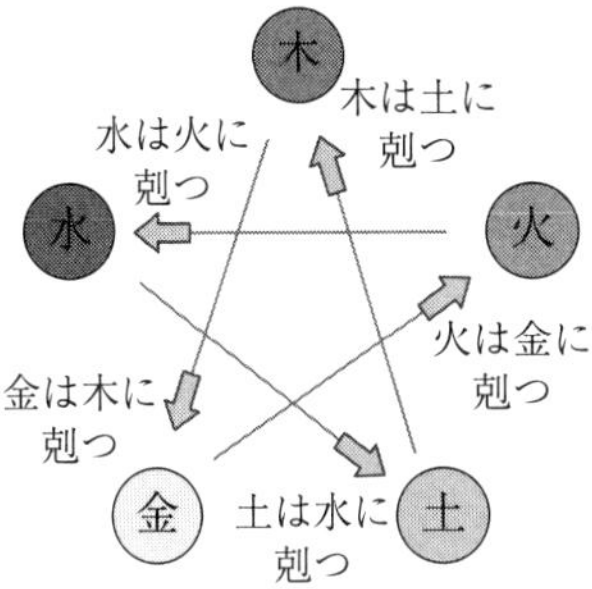

二百十日（二百十日《にひゃくとおか》）――立春から数えて二一〇日目で、新暦でいえば九月一日ころです。稲の花が咲くころで、台風の到来時期と重なるので農家では心配な時期となります。

これらの雑節に含まれないものを「選日」といいます。選日には次のようなものがあります。

十方くれ（十方暮《じっぽうぐれ》）――「十方くれ二入（十方暮に入る）」から一〇日間（甲申から癸巳）のことをいい、そのうちの八日間が相剋《そうこく》の日になるため、相談事や交渉がまとまらないとされています。これは、木は土に剋《か》ち、土は水に剋ち、水は火に剋ち、火は金に剋ち、金は木に剋つというように、相手を剋《こ》くしていく関係のため「相性が悪い」からです。対して相生《そうじょう》は、木は火を生じ、火は土を生じ、土は金を生じ、金は水を生じ、水は木を生ずるとする、永遠の循環を示すものです。「相性がよい」の語源ともなっています。

天一天上（天一天上《てんいちてんじょう》）――この日から一六日間（癸巳から戊申）は方位の神様である天一神《てんいちじん》が天上に行っているため、方位に関する禁忌《きんき》がなくなる期間とされています。

八せん（八専《はっせん》）――「八せんのはしめ」から「八せんのおはり」までの一二日間（壬子から癸亥）のうち、四日を除いた八日間のことをいいます。この八日間は比和《ひわ》(5)となるため、吉はますます吉に、凶はますます凶に傾くようになります。

ま日（間日《まび》）――八専の一二日間で比和にならない四日のことをいいます。

初伏（初伏《しょふく》）――夏至の後にやって来る、三番目の庚の日のことをいいます。次の中伏、末伏をあわせて「三伏《さんぷく》」といい、もっとも暑い時期になります。

中伏（中伏《ちゅうふく》）――夏至後にやって来る四番目の庚の日のことです。

末伏（末伏《まっぷく》）――立秋後の最初にやって来る庚の日のことです。

それでは、下段（⑥）に書かれてある言葉を説明していきましょう。ここでは、以下のように表にして解説をしていきます。

（5）五行思想での、木と木、火と火、土と土、金と金、水と水という組み合わせのことで、相乗効果により、ますます盛んで強くなると考えられていた。

図表2-7　下段

日付	原文	意味
一日	はかため	歯固《はがた》め。歯は齢《よわい》と読むことから新年に硬いものを食べて歯を丈夫にし、長寿を願います。
	くらひらき	蔵開《くらびら》き。新年に初めて蔵を開くことにより、吉事を招き入れる祝いごとで、多くは一月一一日に行います。
	ひめはしめ	姫始《ひめはじ》め。さまざまな説がありますが、その一つに、新年に初めて縫い針をすることをいいます。
	きそはしめ	着衣始《きそはじ》め。新年に初めて新しい着物を着ることです。
	ゆとのはしめ	湯殿始《ゆどのはじ》め。新年に初めて風呂に入ることです。
	こしのりそめ	輿乗初《こしのりそ》め。貴人が新年に礼服を着て、駕籠《かご》で恵方に向かって初乗りをすることです。
	万よし	万吉《よろづよし》。すべてのことによい日です。
二日	馬のりそめ	馬乗初《うまのりそ》め。新年に初めて馬に乗ることです。
	ふねのりそめ	船乗初《ふねのりそ》め。新年に初めて舟に乗ることです。
	弓はしめ	弓始《ゆみはじ》め。新年になり初めて弓を射ることです。

日付	原文	意味
二日	あきないはじめ	商始《あきないはじ》め。新年の初売り出しのことです。
	すきそめ	鋤初《すきそ》め。新年になり畑仕事を始めることです。
	万よし	※一日を参照。
三日	神よし	神吉日《かみよしにち》。「七箇《しちが》の善日」の一つで神社の参拝や祭礼、先祖を祀ることなどによい日です。「七箇の善日」とは、神吉、大明、月徳、母倉、天赦、天恩、鬼宿の七つの日のことをいいます。
	ふく日	復日《ふくにち》。重日と同様に吉事はさらに吉が重なり、凶事はさらに凶が重なる日ですが、婚礼は再婚につながるため凶日になります。
四日	大みやう	大明日《だいみょうにち》。「七箇の善日」の一つで、すべての吉事によい日ですが、とくに建築、移転、旅行にはよい日となります。
	月とく	月徳日《つきとくにち》。「七箇の善日」の一つで、家の増改築や土に関わることによい日です。
五日	神よし	※三日を参照。
	大みやう	※四日を参照。
	かくもんはしめよし	学問始《がくもんはじ》め吉《よし》。学問を始めるのによい日です。

六日	十し	十死日《じっしにち》。大凶日で婚礼はもちろん葬式もしてはいけない日です。
七日	●	受死日《じゅしにち》。黒日《くろび》ともいわれ、大凶日で、とくに病気見舞い、服薬、針灸、旅行はしてはいけない日ですが、葬式だけはしてもよいといわれています。
八日	母倉	母倉日《ぼそうにち》。「七箇の善日」の一つで、とくに婚姻は大吉です。普請や造作にもよい日です。
	大くわ	大禍日《たいかにち》。大凶日で、家の修繕、船旅、葬式は厳禁の日で、「三箇《さんが》の悪日《あくにち》」といわれています。ほかに、狼藉日、滅門日が「三箇の悪日」です。
	ちう日	重日《じゅうにち》。巳の日と亥の日が当てられ、この日に行ったことは重なるので、吉事はよいが凶事は行ってはいけない日です。ただし、婚礼は再婚につながるので凶日になります。
九日	母倉	※八日を参照。
	月とく	※四日を参照。
	天火	天火日《てんかにち》。この日、棟上げや屋根葺きをすると必ず火災に遭うという凶日です。
	らうしやく	狼藉日《ろうしゃくにち》。「三箇の悪日」の一つで、すべてのことに対して凶の日となります。
十日	大みやう	※四日を参照。
	きこ日	帰忌日《きこにち》。この日に旅から帰ってきたり、引っ越し、金の貸出しには凶日です。

日付	原文	意味
十日	ちいみ	血忌日《ちいみにち》。血に関係のあることは忌む日で、とくに狩猟、鍼灸、手術などは凶日です。
十一日	天しや	天赦日《てんしゃにち》。大吉日で「万よし」とも書かれます。「七箇の善日」の一つです。
	よろつよし	※一日を参照。
十二日	大みやう	※四日を参照。
	天おん	天恩日《てんおんにち》。「七箇の善日」の一つで天から恩のある日です。吉事には大吉ですが、凶事にはよくないとされています。
	木こりよし	木《き》伐《こ》り吉《よし》。木を切るのによい日です。
十三日	きしく	鬼宿日《きしゅくにち》。大吉日で長寿や名誉を祝うのによい日です。また、鬼宿は二十八宿のなかの一つであって、最大の吉日にもなっています。「七箇の善日」の一つです。
	天おん	※十二日を参照。
	ふく日	※三日を参照。
十四日	天おん	※十二日を参照。
	月とく	※四日を参照。
	ちう日	※八日を参照。

	めつもん	滅門日《めつもんにち》。「三箇の悪日」の一つで、万事において大凶日です。この日を犯し行えば、必ず一家一門が滅びるとされています。
	地火	地火日《じかにち》。土を動かすこと、基礎工事、井戸掘り、種まき、葬式、墓を築くことなどは凶日です。
十五日	神よし	※三日を参照。
	大みやう	※四日を参照。
	天おん	※十二日を参照。
	けんふく	元服《げんぶく》。男子が成人になったことを示し祝う日です。
	かといてよし	門出吉《かどいでよし》。外出するのによい日です。
十六日	天おん	※十二日を参照。
	あさまきよし	麻《あさ》撒《ま》き吉《よし》。麻を撒くのによい日です。
十七日	大みやう	※四日を参照。
	月とく	※四日を参照。
十八日	ふく日	※三日を参照。
	たねまきよし	種まき吉《よし》。種まきによい日です。

日付	原文	意味
十九日	五む日	五墓日《ごむにち》。土を動かすことは凶の日で、とくに葬式、墓を築くこと、種まき、旅行、祈祷などは大凶日とされています。
廿日	大みやう	※四日を参照。
	母倉	※八日を参照。
	ちう日	※八日を参照。
	入学よし	入学吉《にゅうがくよし》。入学するのによい日です。
廿一日	母倉	※八日を参照。
	めつもん	※十四日を参照。
	やたて	家建《やたて》。家の建築には吉日です。
	わたましよし	移徒吉《わたましよし》。引っ越しするのによい日です。
廿二日	月とく	※四日を参照。
	つめとり	爪取《つめと》り。爪を切るのによい日で、丑の日には手の爪を、寅の日には足の爪を切るのがよいとされています。
	井ほりよし	井掘吉《いほりよし》。井戸を掘るのによい日です。

廿三日	きこ	※十日を参照。
	つめとりよし	※廿二日を参照。
廿四日	ふく日	※三日を参照。
	天火	※九日を参照。
	らうしやく	※九日を参照。
廿五日	●	※七日を参照。
廿六日	十し	※六日を参照。
廿七日	神よし	※三日を参照。
	月とく	※四日を参照。
	大くわ	※八日を参照。
	地火	※十四日を参照。
	いちたちよし	市《いち》立《た》ち吉《よし》。市を開くのによい日です。
廿八日	大みやう	※四日を参照。
	五む日	※十九日を参照。

日付	原文	意味
廿八日	ちいみ	※十日を参照。
	ふく日	※三日を参照。
	ふねのりよし	船《ふね》乗《の》り吉《よし》。船に乗るのによい日です。
廿九日	神よし	※三日を参照。
卅日	わうまう	往亡日《おうもうにち》。文字の如く往くと亡びる日で、軍を進めることや移転、婚礼などは凶日です。

そのほか、二月から一二月までの期間に記載されている暦注。（五十音順）

五十音	原文	意味
か	かとたてよし	門建吉《かどたてよし》。門を建てるのによい日です。
	かまぬり	竈塗《かまぬ》り。かまどの造作によい日です。
く	くさかりよし	草刈《くさか》り吉《よし》。草刈りによい日です。
	くらたて	蔵建《くらたて》。蔵を建てるのによい日です。

	くゑ日	凶会日《くえにち》。万事に忌む日とされています。
け	下しきうの時	下食卯《げじきう》の時《とき》。一日のある時刻だけを忌むことで、この日は卯刻ということになり、食事や種まき、草木を植えるにはこの時刻を避けるようにします。
さ	さい下しき	歳下食《さいげじき》。軽い凶日でほかの暦注に吉日があれば忌むことはないとされています。しかし、ほかの凶日と重なった場合は忌むことになります。
	さひらきよし	早苗開吉《さひらきよし》。田畑の耕作始めによい日です。
し	正月ことはしめよし	正月事始《しょうがつことはじ》め吉《よし》。正月を迎える準備を始めるのによい日です。
す	す丶はらひよし	煤払《すすはら》い吉《よし》。煤払いによい日です。
た	田うへよし	田植《たう》え吉《よし》。田植をするのによい日です。
	田かりよし	田刈《たか》り吉《よし》。稲刈りをするのによい日です。
	竹木こりよし	竹木伐《たけきこ》り吉《よし》。竹木の伐採によい日です。
み	みそさけつくりよし	味噌酒造《みそさけづく》り吉《よし》。味噌や酒を造るのによい日です。
	みそすつくりよし	味噌酢造《みそすづく》り吉《よし》。味噌や酢を造るのによい日です。

五十音	原　文	意　味
み	みそつくりよし	味《み》噌《そ》造《づく》り吉《よし》。味噌造りによい日です。
む	むきかりよし	麦《むぎ》刈《か》り吉《よし》。麦刈りによい日です。
	むきまきよし	麦《むぎ》まき吉《よし》。麦をまくのによい日です。
も	ものたちよし	物《もの》裁《た》ち吉《よし》。裁縫によい日です。
よ	よめとりよし	嫁《よめ》取《と》り吉《よし》。婚礼によい日です。

一般的に現代人は、カレンダーを「見る」という動作をしております。それに比べて暦の場合は、解説文をご覧になったように「読む」という行為になります。「見る」と「読む」、この違いによって文化の伝承力や教養の高さが変わってくるようにも思えます。

それでは、日付の左右に掲載されている⑦から⑫の部分の説明を続けていきましょう。

左右にある⑦には、二十四節気（一〇ページ参照）が記載されています。つまり、季節を表しているわけです。ここには、「**雨水**《うすい》」「**啓蟄**《けいちつ》」と書かれています。そして左右の⑧には、「**正月**」「**二月**」と具体的に「節月《せつげつ》」が書かれています。

暦では、二十四節気の節気から次の節気の前日までをひと月としていますが、これを「節月」

といいます。たとえば正月は、「立春」からはじまって「啓蟄」の前日までのことをいいます。そのことから、「雨水」は正月、「啓蟄」は二月となります。

右の⑨に記されているのは「**中**《ちゅう》」、左の⑨には「**せつ**」と記されています。第1章でも述べたように、二十四節気は「節気《せっき》（節）」と、「中気《ちゅうき》（中）」が交互に並びます。「雨水」は「中気」、「啓蟄」は「節気」ということになります。とくに「中気」は、旧暦における月の名前を決めるのに使われてきました。たとえば、「正月中」を含む月を「正月」としています。

なお、「中気」から次の「中気」までは平均三〇・四四日ですので、二九日（小の月）か三〇日（大の月）がひと月の旧暦では、場合によって「中気」が入らない月も生じてしまいます。こうした月を「閏月《うるうづき》」としましたが、天保暦から、「冬至」は一一月、「春分」は二月、「夏至」は五月、「秋分」は八月に必ず含まれるように規定がつくられ、これに反しないように閏月を入れることになりました。

⑩には、「中気」または「節気」に入る時刻が記載されています。右側には「**夜五時四分**」、左側には「**暮六時六分ニ入**」と記されています。この時代は、「明け六つ」から「暮れ六つ」までを「昼」とし、「暮れ六つ」から「明け六つ」までを「夜」として、それぞれを六等分して、六つ（六時《むつどき》）→五つ（五時《いつつどき》）→四つ（四時《よつどき》）→九つ（九時《ここのつどき》）→八つ（八時《やつどき》）→七つ（七時《ななつどき》）のように時刻名を付けました。

「一つ」というのは、現在の時間で二時間になります。これですと「昼」と「夜」の時間が同じ時刻名になるので、区別するために時刻名の前に一字を入れて次のようにしました。時代劇をよく観られる方はご存じのように、「明六つ」→「朝五つ」→「朝四つ」→「昼九つ」→「昼八つ」→「夕七つ」→「暮六つ」→「夜五つ」→「夜四つ」→「暁九つ」→「暁八つ」→「暁七つ」→「明六つ」という具合です。また「一つ」を一〇等分してその一つを「一分《いちぶ》」としました。一分《ぶ》は、現在の時間でいいますと一二分《ふん》となります。

三石神社にある「時の鐘」

前述したように、この時刻法（不定時法）では、夏と冬の「一つ」の長さが違ってきます。夏の昼は長く、冬は短いという具合です。夏至のころでは昼の「一つ」が現在の二・六時間くらいになるのに対して、冬至のころは一・八時間くらいになります。時計を持たない当時の生活では、「明るいときが昼で、暗くなったら夜」という単純な時刻制度が受け入れられていました。

具体的な時刻は、一日に一二回鳴る「時の鐘」で人びとに知らしていました。まず気付かせるための捨て鐘を三つ打ち、そのあとに時刻の数だけ、最初のほうは間隔を長くとり、次第に短くしながら打たれました。

全国の各所に残る「時の鐘」ですが、三島では、伊豆箱根鉄道駿豆《すんず》線の三島駅から一つ目の広小路駅から一、二分の所にある三石《みついし》神社の境内に建てられています。寛永年間（一六二四～一六四四）に鋳造《ちゅうぞう》され、その後何回か改鋳されています。とくに大きな鐘が宝暦一一（一七六一）年に沼上忠左衛門祐重《すけしげ》という鋳物師によって造られ、三島八景の一つにも数えられていました。

しかし、第二次世界大戦時に軍戦用として供出され、現在の鐘は昭和二五（一九五〇）年に市民の有志によって造られたものです。大晦日には除夜祭が行われ、申し込み制で一般の人も打つことができます。

図表２－８　時刻名

残り二つの説明を続けましょう。

左右の⑪には、「**日の出より日入まて**」と書かれています。右側には「**昼四十五刻半、夜五十四刻半**」、左側には「**昼四十七刻半余、夜五十二刻余**」と記されています。当時、「日の出」から「日の入」までの昼の時間と、「日の入」から「日の出」までの夜の時間で、一日を一〇〇刻として計算していました。したがって、五〇刻は現在の時間にすると一二時間となり、一刻は一四分二四秒となります。

最後となる左右の⑫に書かれている文字は「**六より六まで**」です。つまり、「明け六つ」から「暮れ六つ」までの昼の時間と、「暮れ六つ」から「明け六つ」までの夜の時間が書かれているわけです（**図表２－８**参照）。右側には「**昼五十刻半、夜四十九刻半**」、左側には「**昼五十二刻半余、夜四十七刻余**」とあります。

「日の出」より二刻半（三六分《ふん》）早い時間を「明け六つ」といい、「日の入」より二刻半遅い時間を「暮れ六つ」といっていました。そのため、⑪に書かれているよりも、昼の時間は五刻（七二分《ふん》）長くなり、夜の時間は五刻短くなります。

このように、細かく時間を区切っていたことを知るにつれ、当時の人びとの時間に関する感性には驚いてしまいます。現代を生きる私たちも、単に「夕方の六時に待ち合わせ」とはいわず、「夕焼けが美しくなる六時に会いましょう」と言い換えてもいいかもしれません。

第2部

三嶋暦師の館

三嶋暦師の館

第3章　三嶋暦師・河合家

三嶋暦師である河合家がいつ、どのような使命のもとに伊豆国《いずのくに》・三島へ来たのかという話に入る前に、伊豆国の成り立ちについて触れておきます。

1　伊豆国

伊豆国は、律令時代から江戸時代までの間に多少の変動はありますが、現在の伊豆半島と伊豆七島[1]から成り立っていました。そのはじまりは、天武天皇九（六八〇）年、駿河国《するがのくに》（現静岡県中東部）から賀茂郡《かもぐん》と田方郡《たがたぐん》が分割されて設けられたことによります。そして、大宝元（七〇一）年から和銅三（七一〇）年にかけて那賀郡《なかぐん》（当時は仲郡）が加わりました。

江戸時代の文禄から元禄ころの検地帳に君沢郡《くんたくぐん》の名前が出てきており、このころには四郡となっていたようです。このうち、三島神と関係の深い賀茂郡は、賀茂郷《ごう》・月間郷《つくま》・川津郷・三嶋

図表３－１　律令時代の伊豆国と三島神社関連地図

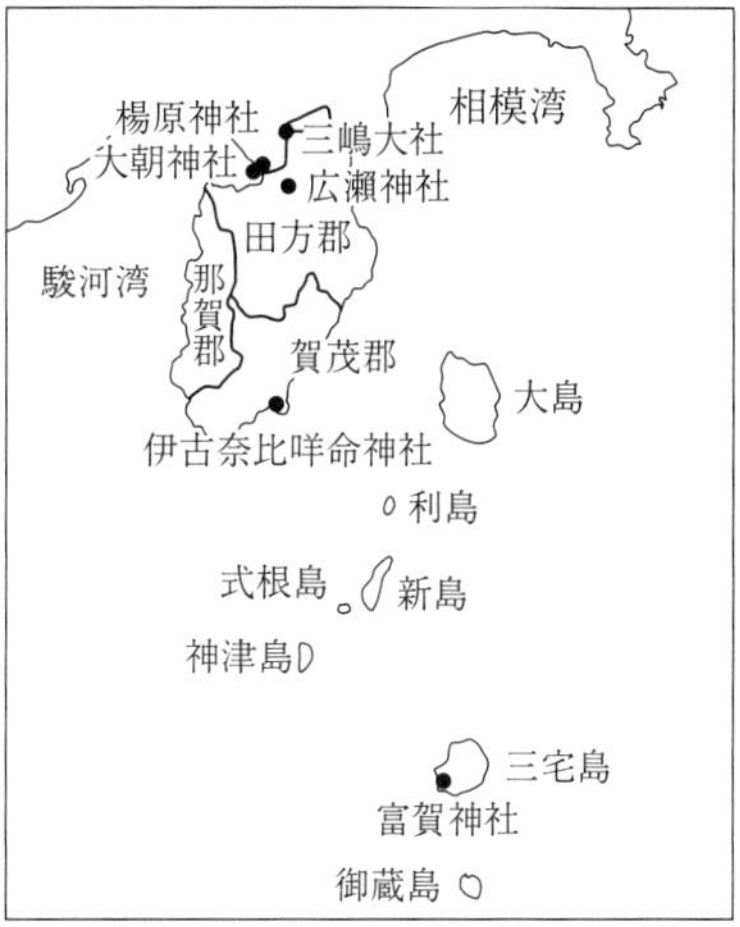

郷・大社郷の五郷に分かれており、三嶋郷は伊豆七島、大社郷は伊豆半島の白浜・下田あたりだったようです。

およそ一〇〇もの島々が散在し山々の連なる伊豆国は、律令下では下国《げこく》(2)であったにもかかわらず、『延喜式神名帳《えんぎしきじんみょうちょう》』(3)によれば、全国の神社数二八六一社、祭神数三一三二座のうち九二座という多さです。これは当時の国内六六か国二島中で一一番目に位置していて、近隣の駿河国二二座、相模国一三座、武蔵国四

(1) 東京都島嶼部の伊豆諸島に属する、伊豆大島、利島、新島、神津島、三宅島、御蔵島、八丈島の呼称。

(2) 律令国の四等級区分（大国・上国・中国・下国）の一つ。下国は和泉、伊賀、志摩、伊豆、飛騨、隠岐、淡路、壱岐、対馬の九か国。

(3) 延喜五（九〇五）年から延長五（九二七）年に編纂された律令（律は刑法、令は行政法など）の施行細則。『神名帳』は巻九・一〇で、祈年祭奉幣にあずかる神社二八六一社三一三二座が網羅されている。記載されている神社を式内社という。

四座と比較しても圧倒的な数となっています。

九二座の内訳は、田方郡二四座、那賀郡二二座、そして賀茂郡は四六座なのですが、そのうちの二三座が伊豆七島にあり、一三座が三宅島に集中しています。これはいったい何を意味しているのでしょうか。

筆者はこの疑問を解いてみようと、ある晴れた日、伊豆下田の寝姿山《ねすがたやま》の展望台から古代人になったつもりで伊豆七島を眺め、伊豆半島の成り立ちと伊豆諸島の造島活動をイメージしてみました。

今から二〇〇〇万年前、硫黄島付近にあった海底火山群が五〇万年前に本州に衝突して伊豆半島はできたといわれています。二〇万年前までは火山活動が盛んで、陸上のあちこちで噴火が起き、天城連山や達磨山《だるまやま》（九八二

伊豆七島

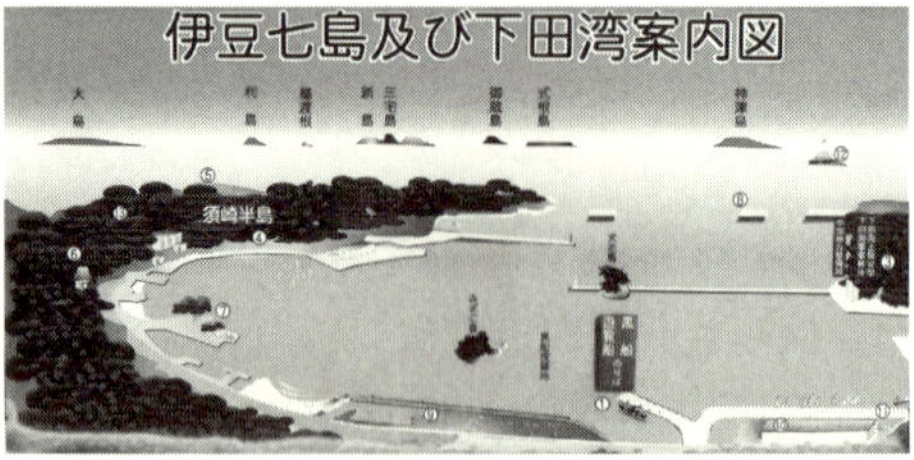

伊豆七島と下田湾案内図

メートル）といった伊豆半島の背骨がそのころできたとされています。そして天武天皇一三（六八四）年に大地震が発生し、このとき伊豆半島の北西端から駿河湾に突き出ている大瀬崎《おせざき》は、海底が「三〇〇丈余（約一〇〇〇メートル）」も隆起して出現したものといわれています。

一方、伊豆七島では、五〜七世紀に大島で大水蒸気爆発が起こったほか、三宅島には平安時代以降一五回の噴火の記録が残されています。このようにうち続く天変地異を、古代人たちは「神々の仕業」と畏れ、その怒りを鎮めるために社《やしろ》を造り、神々を祀ったと考えられます。

こうした状況になると、卜部《うらべ》(4)の出番です。卜部はもともと卜占《ぼくせん》（占い）を職務とする神祇官《じんぎかん》(5)に所属する神官で、二〇名ほどが置かれていました。伊豆から五名、壱岐《いき》から五名、対馬《つしま》から一〇名が選出されています。

日本固有の占いとしては、シカの肩骨を焼いて占う太占《ふとまに》という方法がありましたが、律令期になると中国から伝わった亀甲《きっこう》による占い法を採用するようになりました。その方法は、カメの甲羅に占うことを絵文字にして刻み（切れ込み程度）、箒《はばき》という木に火をつけて甲羅を焼き、亀裂を入れるというものです。この亀裂の形によって吉凶を占ったわけです。

（4）古代、諸国の神社に属して、卜占を職務とした神官。亀卜のほかに、大祓《おおはらえ》の解除《げじょ》（穢れを払い除くこと）、道饗祭《みちあえのまつり》（怪物・妖怪などが都に入るのを防ぐ祭）、鎮火祭（火災防止の神事）に奉仕した。

（5）律令制下で祭祀を司り、諸国の官社を統括する中央官庁。日本独自の制度。

朝廷で占いを行う部署は、ほかにも太政官《だじょうかん》に所属した陰陽師《おんみょうじ》[6]がいましたが、神祇官所属の卜部による亀卜《きぼく》は、天皇の病気や政治を占う格式のあるものでした。このころ、カメは霊獣として扱われていました。先に、卜部の出身地は壱岐、対馬、伊豆と書きましたが、この三地域からは良質のアオウミガメが捕獲されたことも理由のひとつとして挙げられます。

伊豆には、伊豆卜部氏[7]の祖といわれる平安前期の貴族、卜部平麻呂《ひらまろ》[8]がいました。平麻呂は、嘉祥《かしょう》三（八五〇）年に神祇官少祐《しょうじょう》職[9]に任じられています。幼いころから亀卜を習得した平麻呂は、朝廷内で大きな役割を果たしていたと思われます。伊豆国に九二座もあったのは、神威《しんい》を畏れてということはもちろんですが、その仲介役としての平麻呂の力が大きかったのではないかと思われます。

ちなみに、伊豆七島でもとくに神社の多い三宅島の名前は、噴火が相次いだので「焼島」といわれていたものが、神が造った島ということで「御焼島」と名付けられ、のちに三宅島となったといわれています。

アオウミガメ

2　三島神の移動

伊豆の三島神が記録上に最初に現れるのは、平安時代に書かれた『新抄格勅符抄《しんしょうきゃくちょくふしょう》』という法制書の、大同元（八〇六）年牒《ちょう》（かきもの）に「伊豆三嶋神十三戸」とあるのが最初です。社名については、延長五（九二七）年、『延喜式神名帳』に初めて賀茂郡四六座の筆頭とし

（6）律令制下で太政官中務省の陰陽寮（天文・漏刻・暦等を司る役所）に属した官職の一つ。陰陽五行思想に基づいた陰陽道によって、占筮《せんぜい》（筮竹《ぜいちく》で易の卦《け》を立てて吉凶を占う）・地相《ちそう》（土地の吉凶を占う）などを職掌とした。

（7）三嶋大社に神官として仕えた氏族という説や、天児屋根命《あめのこやねのみこと》の後裔である五十手命を祖とする中臣氏族とする説など諸説がある。卜部平麻呂の子孫は、吉田系と平野系に分かれ、代々神祇大副、神祇少副を輪番で務めた。吉田兼好（卜部兼好《かねよし》）は、伊豆卜部氏の出身といわれる。

（8）（八〇七～八八一）伊豆卜部氏の祖。承和五（八三八）年、遣唐使として入唐している。

（9）律令制下における、四等官制（長官《かみ》・次官《すけ》・判官《じょう》・主典《さかん》）の三等官。

下田市・伊古奈比咩命神社

伊豆の国市・広瀬神社

て「伊豆三嶋神社」と見られます。これらから考えるに、三島神というのは伊豆国賀茂郡を基盤とした神名ではないかと推測できます。延喜式には「三島明神は賀茂の内」とあり、江戸時代、周辺は田方郡・君沢郡とあるのですが三嶋大社領域のみは賀茂郡とされていました。

三島神社[10]は、最初、伊豆七島の賀茂郡三嶋郷（現三宅島・富《と》賀《が》神社）にあったものが、伊豆半島の白浜《しらはま》・賀志本《かしもと》（現下田市・伊古奈比咩命《いこなひめのみこと》神社）から、田京《たきょう》（現伊豆の国市・広瀬《ひろせ》神社）を経て三島（三嶋大社）に遷座したものとされています。后の伊古奈比咩命と鎮座していたという伝承が残る白浜では、三島神の本社《ほんじゃ》は「賀茂郡白浜にあり」というようです。一方、『伊古奈比咩命神社誌』には「三島神は別名事代主命《ことしろぬしのみこと》」とあり、事代主命と三島神は同一であるとしています。

田京の近くには狩野川が流れ、広瀬神社が天平年間（七二九～七四九）より鎮座しており、三島神が一時いたという伝承もわかる気がします。狩野川と深沢川の合流する所に位置する広

伊豆の国市・葛城山

瀬神社の周辺には長岡、御門《みかど》、少し離れますが修善寺には渡月橋、嵐山など、伊豆半島には京都と類似した名も多く、伊豆の国市の葛城山《かつらぎやま》一帯は小さいながらも大和葛城山一帯（奈良県御所市）に似た地形となっています。

伊豆の葛城山には、伊豆大島に流された役小角《えんのおづぬ》(11)が行き来をしていたという伝説が残っています。ちなみに、小角は葛城鴨族です。伊豆半島にこのような地名が残るのは、伊豆国が遠流の地であったことも原因していると思われます。

三島神は、伊豆諸島の噴火のたびに社格が上がり、伊豆七島の三嶋郷から伊豆半島の白浜、田京、三島と移ってきたという説も遷座の一つとしてあります。

(10) 伊予の大山祇神社と、伊豆の三嶋大社に関係する神社。全国で四〇〇社前後存在する。関東・東北・中部地方には三嶋大社から勧請された神社が多く、四国・九州・北海道には大山祇神社からの勧請が多い。

(11) （六三四〜七〇一）大和葛城鴨族出身の呪術者。修験道の祖といわれている。

奈良県御所市・葛城山

3　三嶋大社

三嶋大社の創建年は不明ですが、現在、大山祇命《おおやまずみのみこと》と事代主命《ことしろぬしのみこと》の二柱が祀られています。大山祇命は暦に出てくる言葉、和多志《わたし》（わたまし＝移動）の神で、百済《くだら》より摂津国（現大阪府）に渡来し、そこで大和葛城より来た事代主命と合祀され、現在の大阪府高槻市三島江にある三島鴨神社に祀られました。その後、伊予国の大山祇神社（愛媛県今治市）に勧請されたといわれています。その大山祇命が、のちに三嶋大社へ勧請されたという説と、その逆だという説があります。

富士山・浅間《せんげん》神社の祭神は大山祇命の娘神である木花咲耶姫命《このはなのさくやひめのみこと》で、大山祇命は山の神として敬われていました。三嶋大社の大山祇命は伊豆のネイティブな神様であるという伝承が根強くあり、三島神はもともと大山祇命に冠《かん》せられた神名であることを考えると、事代主命があとからやって来て三嶋大社に合祀されたとも考えられます。事代主命か大山祇命か、これらの話は、古くてとても断定できる話ではないので、ロマンチックな神話としてとどめます。

作家の司馬遼太郎は、『箱根の坂』（講談社、一九八四年）のなかで三嶋大社について以下のよ

三嶋大社拝殿

うな記述をしています。

「ここに、三島明神が、大きな神域に鎮まっている。もともと伊豆一宮といわれた神社であったが、古くは他の場所にあり、いつのほどか、この地に動座したものの、さほどにふるわなかった。三島明神が歴史のなかでにわかに高名になるのは、源頼朝が大いに尊崇し、（中略）挙兵の日を選ぶについて、三島明神の神事の日に合わせたほどに、ふかくたのんでいた。幸い、平家討滅が成功したため、社領を寄進しただけでなく、しばしばみずから参詣し、神事には奉幣《ほうへい》使《し》[12]を派遣するなどして、格別のあつかいをした。以後、三島明神は大いに盛んになる」（二六六〜二六七ページ）

なお、三嶋大社の鎌倉時代における社殿配置は、国宝『一遍上人《いっぺんしょうにん》絵《え》伝《でん》　巻六』（京都市・歓喜光寺所蔵）から想像できます。

（12）　奉幣使は神事に際し神社に参向し奉幣する使者。ここでの奉幣使は鎌倉の源頼朝に代わって三嶋大社に参向するために選ばれた、三島近郊の由緒正しい七人の農民で構成された在庁奉幣使のこと。（八八ページ、一八三ページ参照）

大阪府高槻市・三島鴨神社

愛媛県今治市・大山祇神社

4　伊豆の賀茂氏

古代豪族の賀茂氏には主に三系統あり、京都の上賀茂神社・下鴨神社に関係する賀茂の県主《あがたぬし》(13)である天神《あまつかみ》系氏族(14)、賀茂君《かものきみ》・賀茂朝臣《あそん》らは「葛城鴨族」と呼ばれた地祇《くにつかみ》系氏族(15)、そして皇別系氏族(16)の吉《き》備《び》氏(17)がありました。

地祇系氏族の葛城鴨族発祥の地に鎮座する「高鴨《たかかも》神社」は、全国約三〇〇社ある賀茂社の本宮で、祭神は事代主命と阿遅志貴高日子根命《あじしきたかひこねのみこと》です(18)。

高鴨神社の鎮座する丘陵から下った、葛城川近くに鎮座する「鴨《かも》都波《つば》神社」の祭神は積羽八重事代主命《つみはやえことしろぬしのみこと》です。

事代主命を祀る賀茂氏の一部は、稲作技術、天体観測、薬草技術、造暦などに優れた技を示したテクノクラート集団でした。現在、全国に賀茂のつく地名は四十数か所あり、加賀・伊賀・甲賀・横須賀・敦賀など「賀」のつく地名も多いことから、葛城賀茂氏はその

奈良県御所市・高鴨神社

奈良県御所市・鴨都波神社

技術を普及するために全国へ散らばったとも、また戦《いくさ》に破れて離散したとも想像できます。後年、彼らのなかから陰陽師の賀茂氏が誕生していることも興味深いです。

　伊豆七島の神社を見てみると、大島にある大宮神社の祭神は三島大明神（事代主命《ことしろぬしのみこと》）の王子である阿治古命《あじこのみこと》で、利《と》島の阿豆佐和気命《あずさわけのみこと》神社の祭神は事代主の王子である阿豆佐和気命、新島の大三王子神社の祭神は事代主命の大三王子・多祁美加々命《たけみかかのみこと》で、十三社《じゅうさんしゃ》神社の祭神は事代主命および同族の十二神、神津島の物忌奈命《ものいみなのみこと》神社の祭神は事代主命の后神・阿波咩命《あわめのみこと》と、御子神《みこがみ》・物忌奈命、三宅島の富賀《とが》神社の祭神は事代主命と后神・伊古奈比咩命、御子神・阿米都和気命《あめつわけのみこと》というように、代表的な神社の祭神は事代主命の縁《ゆかり》の神々で、事代主命を祀る葛城鴨族とのつながりが見えてきます。

　三嶋大社拝殿の正面右上に、吉備真備《きびのまきび》[19]が唐で碁を打っている彫刻があります。吉備真備は、先

---

(13)　大化の改新以前にいた県の支配者。国造が支配する国の下部組織の長ともいわれる。西日本に集中している。
(14)　高天原《たかまのはら》に生まれた神、あるいは芦原中国《あしわらのなかつくに》に天下った天つ神の子孫。
(15)　天孫降臨以前からこの国土を治めていた土着の神、国つ神の子孫。
(16)　王孫ともいう。皇室から臣籍降下した氏族の総称。清和源氏と桓武平氏が有名。
(17)　吉備国（現岡山県）の豪族。五世紀に繁栄し、吉備国を古代の有力地方国家に発展させた。また、ヤマトの豪族たちと同盟し日本列島の統一に寄与した。始祖は、四道将軍を務めた吉備津彦命《きびつひこのみこと》。
(18)　大国主命と宗像三女神の田心《たごり》姫命の子。農業・雷の神。

の分類では皇別系氏族となります。従来から賀茂氏の祖という説がありますが、葛城鴨族の賀茂吉備麻呂《かものきびまろ》(20)の間違いという説も近年では有力となっています。この賀茂吉備麻呂は、七〇一年に遣唐使として唐に渡っています。一方、吉備真備は遣唐留学生として入唐し、大衍暦《だいえんれき》や天文観測用具などの文物を持ち帰り、暦が日本に定着するために大きな役割を果たしました。

5　河合家、三島へ

江戸時代中期の宝暦《ほうれき》三（一七五三）年一月二四日、土御門《つちみかど》(21)家の家司《けいし》（事務職員）、広庭図《ひろにわと》書《しょ》が三島宿に泊まりました。そして、三嶋暦

唐で碁を打つ吉備真備（鳩の被害防止のため金網が張られている）

家第四二代当主の河合元隆を呼び出しています。このとき元隆は、「私は三嶋大社の神領域内に住んでいるが、立地的にも不便なため町にも住居をもち、医者もやっている。伊豆国と相模国だけの三嶋暦の販売域では苦しいので、地域を増やしてほしい」と申し出ています。そして、「そもそも河合家は山城国（現京都府）賀茂に居た。現在の屋敷内（豆州賀茂郡暦門埋橋《ずしゅうかもぐんこみかどうもればし》）に賀茂大明神の小社と暦神（磐長姫《いわながひめ》）を祀っている。暦勤一〇〇〇年の歴史をもつ家である」と述べています。

宝暦五（一七五五）年一一月六日に、元隆の名代が江戸に出府して天文台（司天台）に併設されている測量所に提出した記録「測量御用諸覚書帳」には、「私どもは光仁天皇のとき（宝亀一一［七八〇］年）、三島明神が山城国加茂より豆州三島へ勧請したときに明神について下り」来たとあり、「貞観《じょうがん》元（八五九）年ころより暦算を開始し、朝廷にも暦を献上した」とあります。

---

(19)（六九五〜七七五）奈良時代の学者・公卿。豪族吉備氏の一族・下道《しもつみち》氏の出身。七一七年、遣唐留学生として阿倍仲麻呂、玄昉《げんぼう》らと入唐。藤原広嗣、藤原仲麻呂などに疎まれることもあったが、七五一年、遣唐副使として再入唐し、翌年鑑真とともに帰朝した。

(20)『医陰系図』では賀茂氏の最初に記載され、「右衛士少尉下道朝臣国勝の子、天文造暦宿曜などを為す」とあり、吉備真備と同一人物とされている。

(21)室町時代の陰陽師・安倍有世の末裔。土御門家を名乗ったのは安倍有宣からといわれる。江戸時代には征夷大将軍宣下の儀式で祈祷を行う。家格は源平藤橘以外の公卿である半家《はんけ》であった。

また、『増訂豆州志稿《ずしゅうしこう》』(22) 嘉慶《かけい》一二（一三九八）年三嶋暦の条に、「河合家宅中に賀茂神社、暦宮を祀る、社宮司明神《しゃぐうじみょうじん》という」ともあります。暦神として暦家の屋敷地内に祀られていた磐長姫は、大正四（一九一五）年に宮町（現三島市大宮町）に鎮座していた一〇柱とともに、加茂川神社（三島市加茂川町）に合祀されました。

京都市内の今出川通りの橋の上から北側を見ると、左から賀茂川、右から高野川が流れてきてここで合流しています。高野川には河合橋が架かっています。このデルタ地帯が「糺《ただす》の森《もり》」で、奥に下鴨神社、向かって左手前に河合神社が鎮座しています。この辺りの地名は、古くは加茂河合といったということです。元隆の言葉が正しければ、河合家の先祖は宝亀年間にこの辺りからやって来たことになります。しかし、筆者には、元隆がいったことはおそらく創作したものではないかと思われます。

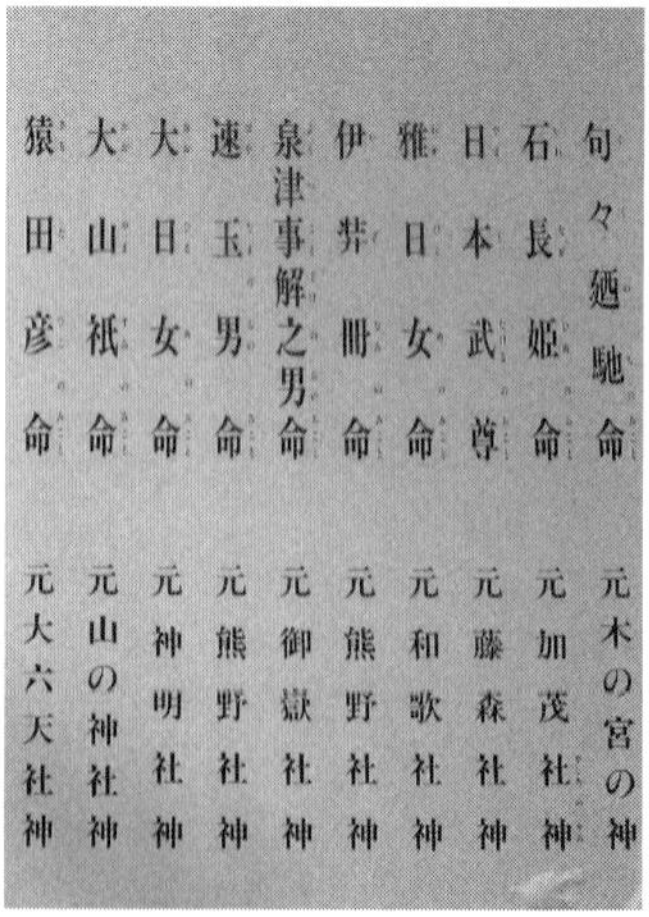

三島市・加茂川神社略史
石長姫命の名がある（右から２つ目）

江戸初期まで三嶋暦の販売域は東海地方から関東甲信越あたりまでと広かったのですが、元文四（一七三九）年以降は伊勢暦との競合を避けるために、幕府の裁定によって伊豆国と相模国に限定されました。そこで土御門家へ、販売領域を増やしてもらうための理由として、「二国のみの販売では苦しい」とか「町中《まちなか》で医者もやっている」といったりしたほか、三島への移住の年代も誇張したのではないかと思えます。

そもそも宝亀一一（七八〇）年には、山城国賀茂郡には三島神[23]（事代主命《ことしろぬしのみこと》または大山祇命《おおやまずみのみこと》）はいなかったはずです。後白河天皇の勅命により、山城国に摂津国の三島鴨神社より三島神を勧請（京都府東山区・三島神社）したのは平重盛[24]で、永暦元（一一六〇）年の

(22)　地元三島の漢学者・秋山富南《あきやまふなん》（一七二三～一八〇八）が著した伊豆国の地誌『豆州志稿』を伊豆長岡の国学者・萩原正平・正夫父子が一八九二～九五年にかけて刊行したもの。『豆州志稿』全一三巻は寛政一二（一八〇〇）年に完成している。

(23)　（一一二七～一一九二）保元・平治の乱などの混乱期に治世を行った、平安末期の天皇・法王。今様和歌を愛し、『梁塵秘抄』を撰した。

(24)　（一一三八～一一七九）平安末期の武将・公卿、平清盛の嫡男。保元・平治の乱で戦功をあげる。平氏一門のなかで、もっとも後白河法王に近い立場だった。

賀茂川と高野川が合流する

京都市・河合神社

ことです。また、宣明暦の採用も貞観四（八六二）年からで、これともくい違います。

それでは、河合家はいつごろ、どこから、何のために三島へやって来たのでしょうか？

ここに、「大宮古来記《おおみやこらいき》」[25]という沼津市我入道《がにゅうどう》の旧家に残っていた文書の研究記録があります。沼津市に住む郷土史家の笹原俊雄氏がこの文書を研究し、『わが街の今とむかし』（一九九三年、私家版）という本で触れています。このなかに、河合家の移住についての興味深い文章が記載されていました。この本をもとに、河合家が伊豆国へ入国した一つの説に迫りたいと思います。

まず、この本の「大宮古来記」「三島大社の由来考」「三島大神は白濱神社か」「天地創造の大山祇命」の項に書かれている要点を箇条書きにしてみます。

①伊豆諸島は天武天皇一三（六八四）年の大噴

「大宮古来記」（資料提供：笹原俊雄氏）

火以来、噴火・地震が続発している。
②承和五（八三八）年、神津島の大噴火があり、仁和三（八八七）年には新島《にいじま》が出現した。
③『三宅島噴火記録』によると噴火の中心は三宅島で、この島に三島大明神を鎮座した。
④朝廷では、大噴火の不安と混乱を鎮めるために、神祇官に占わせた。
⑤すると、「伊豆国の神々の祟《たた》りである」と八卦に出た。
⑥そこで、日本総鎮守の三島大明神に奉幣使を派遣することになった。
その派遣の行程は、山城国（現京都府）→大三島（現愛媛県今治市）→東国（現伊豆七島）と推測されます。

長徳元〜二（九九五〜九九六）年ころ、勅使の藤原佐理《ふじわらのすけまさ》(26)は、伊予守の越智守綱卿《おちのもりつなきょう》(27)の作製によ

(25) 笹原俊雄氏はこの文書について、冒頭、二つの歴史記録が一つに混同されているようだがと断り、原本は、貞観元（八五九）年に書き付けられたものが古くなったために弘安元（一二七八）年に書き改められ、さらに天正四（一五七六）年に記録されたもので、出典も人物も史実どおりで資料的価値は高いと思われる、という。
(26)（九四四〜九九八）平安中期の公卿・能書家、太政大臣。「大宮古来記」の原本の記録が貞元元（九七六）年とすると、円融《えんゆう》天皇の御代に船団を組み伊豆国に下向したことになる。
(27) 越智氏は、古代伊予国（現愛媛県）にいた豪族の一つ。

る御神体（大山祇命・磐長姫命・木花咲耶姫命など）一三体を積んで、六十数名の官吏、神官、文化人、随員らと瀬戸内海の大三島を二隻の船で東国を目指して出航しました。しかし、途中で遭難してしまい、一隻が沼津の獅子浜《ししはま》に漂着し、ここに正月一五日から一八日まで滞留したのち再出発をしています。

もう一隻は、沼津の我入道に着きました。我入道に上陸した人びとの多くは、その後、大宮（里宮ともいう）と山宮で祭祀を行ってきました。山宮は、沼津市下香貫《しもかぬき》の大朝《おおあさ》神社（祭神は天照大神）として、大宮は、同じく沼津市下香貫の楊原《やなぎはら》神社（祭神は大山祇命・磐長姫命《いわながひめのみこと》・木花咲耶姫命《このはなのさくやひめのみこと》）として今も残っています。

現在の大朝神社と楊原神社は、直線で一・五キロの距離にありますが、もともとは一体であったといわれています（六五ページの地図参照）。また、新宮を創建して三島大明神を名乗り、加茂一宮としたとありますが、場所は不明です。

このときの随員は、暦家の河合、青木、高田、渡辺、河野、奈良橋、間宮、日吉といった人びとで、その末裔が沼津市の島郷《とうごう》・静《しず》

沼津市・大朝神社

沼津市・楊原神社

浦《うら》・香貫・大岡、そして三島市に現在も住んでいるということです。

朝廷がこのような大規模な派遣団を組んだ理由には、伊豆国の天変地異が西国にも影響を及ぼす重大事と考えたからではないかと推測できます。そして、日本総鎮守の号を賜った大山祇命の力によって鎮めてもらおうと願ったのでしょう。

随行者の河合某は、山城国に住んでいた暦と天文に精通した陰陽師の一員と思われます。河合家の庭には、暦神として盤長姫を祀っていました。愛媛県の大山祇神社から勧請されてきた磐長姫を楊原神社が祀り、屋敷神として河合家が祀ったという事実は、河合家が山城国賀茂より三島明神と来たという伝承との関連を感じさせます。

「大宮古来記」から考えるに、河合氏が三島へ来たのは、元隆のいうような宝亀一一年ではなく、長徳二（九九六）年ころか、鎌倉幕府成立後の建久三（一一九二）年以降と推測されます。その理由は、『吾妻鏡』に京から多くの陰陽師が下向して幕府に仕えたとあること、また、鎌倉時代からの信頼すべき書である『医陰系図《いおんけいず》』(28)に記載されている「賀茂氏系図」に、「賀茂氏は鎌倉時代から多くの支流に分かれ、それぞれが暦に関係していた」とあることです。河合氏は、賀茂氏の派生氏族なのです。

---

(28)　医道（医者）の和気氏・丹波氏・惟宗氏、陰陽道（陰陽師）の賀茂氏・安倍氏の系図をまとめたもの。

『医陰系図』には、賀茂兼宣《かものかねのぶ》(29)が鎌倉幕府に出仕し、息子の賀茂在持《かものありもち》(30)の代から三島に住みはじめた、と書かれています。この頃、賀茂氏以外が造暦することは考えられないので、三嶋暦家は鎌倉幕府に仕えた暦家賀茂氏の一族である陰陽師・賀茂兼宣、在持親子が祖ではないかと考えられます。三島の地に移ってきたということは、執権である北条氏との関係も想像されます。『暦の百科事典　二〇〇〇年版』（一六四ページ）には、「河合氏が山城の加茂より下ったとする伝承は、賀茂氏との関係を想像させるが、在持の直接の後裔か否かは今後の問題」とも記されています。

しかしながら、『三嶋大社関係文書目録』には、「暦師河合氏の本姓が今回の調査（一九三三年）で『加茂』と判明したことは甚だ重要で、賀茂神社は、恐らく屋敷神だったのではあるまいか。（中略）三嶋大社と賀茂郡とのかかわりや、賀茂郡と卜部とのかかわりなどから推すと、大社と加茂氏の関係は（中略）奈良時代の宝亀年間（七七〇〜七八〇）にも遡る可能性がありうると考える」（一九四ページ）との記述があり、現在においてもはっきりとしたことはわかっていません。

いずれにしても、河合家が実際に暦を製造販売していた時期は、鎌倉時代から明治一六（一八八三）年ころまでと思われます。最後に、明らかとなっている河合家の略歴を記しておきますのでご参照ください。

(29)『医陰系図』には、「玄蕃頭、陰陽博士、従四上、関東」と記載されている。
(30)『医陰系図』には、「正四下、陰陽大允《だいじょう》、三嶋住始」と記載されている。

〈河合家略歴〉

代	名前	年	事柄
第三一代	顕高祖考戸某府君之神主		慶長一七年までは神道だったと思われる。
第三三代	河合左近将監		このころ（享禄四～明暦三年）まで、河合左近将監を世襲名としていたと思われる。
第三四代	河合龍節		このころから河合龍節を世襲名としたと思われる。
第四二代	河合元節元隆		このころの社家村の地図が大社に所蔵されている。
		宝暦三年	土御門家に販売域を増やして欲しいと申し出る。
		宝暦五年	江戸測量所へ提出した記録に、弘仁天皇のときに山城国から伊豆国に三島明神についてきた、貞観元年ころより暦算を開始した、とある。
第四三代	河合龍節元隆	元文四年	寺社奉行大岡越前守に、伊勢神宮御師の伊豆・相模両国への頒暦侵犯を訴える。伊豆・相模両国への頒暦の裁定が下る。
第四五代	河合龍節	寛政五年	寺社奉行立花出雲守に元文四年と同様の訴えを行う。
第四七代	河合元節	文化一四年	三月参府して、病がちを理由に相続の許可を願い出る。後継者が一五歳では務まらないと却下される。四月、再度願い出て許可され、土屋甫三が名代として御用を務める。

代	当主	年	事項
第四八代	河合龍節隆定	天保一二年	寺社奉行戸田日向守に、江戸暦などの販売侵犯を訴える。
第五〇代	河合龍節		明治の初期、伊豆・相模・駿河・甲斐・三河・遠江・美濃七か国の弘暦者を申し付けられる。のちに、三島町町長を五期務める。
		明治二年	三嶋暦の弘暦者として韮山知県事の附属としてほしいと訴える。それに対し、三嶋大社が暦家は三嶋大社の社役人であると申し立てる。
		明治三年	暦家は神主支配、とされる。
		明治五年	全国の弘暦者を集めて頒暦商社が組織される。
		明治六年	一月一日、太陽暦に改暦。
		明治一六年	頒暦商社、林組と改組。

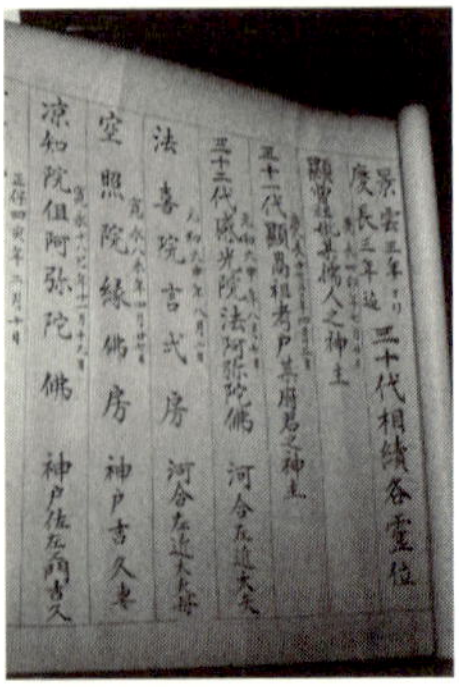

「顕高祖考戸某府君之神主」とある第31代当主

河合家第50代当主

第4章 三嶋暦をとりまく世界

1 寺社と三嶋暦

（1）三嶋大社と三嶋暦家

鹿島暦（鹿島神宮）、大宮暦（氷川神社）、三嶋暦（三嶋大社）などの地方暦は、一宮《いちのみや》と呼ばれる寺社の権威と、大名たちからの保護を受けて頒布《はんぷ》されました。吉川英治の(1)『新・平家物語　五』（講談社、一九七一年）には、「東八箇国《とうはちかこく》でつかわれる暦は、武蔵大宮と、ここの三島神社と、二所《しょ》の暦ノ宮で編纂され、国ぐにの府官から武門や庶民の手に頒《わか》たれていた。（中略）三島明神か

（1）（一八九二～一九六二）神奈川県生まれ。小説家。さまざまな職に就いたのちに作家活動に入る。『宮本武蔵』や『私本太平記』などで幅広い読者を獲得、国民文学作家といわれる。『新・平家物語』は一九五〇年から五七年まで「朝日新聞」に連載された、源平・公家の盛衰を描いた歴史小説の大作。

ら国司の庁へ、毎年の例によって納入される数は少ないものではない」（二七七ページ）とあります。

江戸時代における三嶋大社の神事・祭祀を担う社家組織のなかに、神主、社家、社人とは別に、在庁奉幣使《ざいちょうほうへいし》（七三ページの注、一八三ページ参照）、別当愛染院《べっとうあいぜんいん》(2)、暦師河合氏の三者が列挙されています。そのなかでも、暦師である河合氏（下社家）(3)は神事に直接関わることはありませんでしたが、社家村内に屋敷（六八五坪、御免地）(4)を構えるという特別な地位にありました。河合家の記録文書である「御用留《ごようどめ》」にも、「累代暦職にして三嶋宮社務に一切関係無之《これなき》事」と記されているように、造暦《ぞうれき》と頒暦が専業となっていました。

明治四（一八七一）年、韮山県宛に提出された「三嶋大社取調書」の「本姓分布表」によれば、社家の姓は、藤原姓一七、源姓八、平姓八、越智姓五、賀茂姓一とあり、さらにこれらの姓から考えるに、藤原姓というのが

三島市・別当愛染院跡

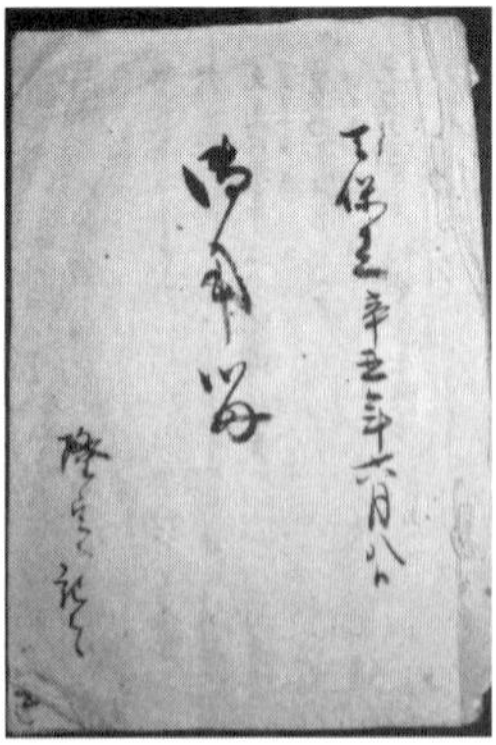
江戸時代のメモ帳「御用留」

中臣系卜部《なかとみけいうらべ》で、越智姓は伊予国（現愛媛県）三島との交流があったことを示し、賀茂姓については暦道の賀茂家とつながりがあるのではないかと書かれています。ちなみに、河合姓は賀茂姓からの派生といわれています。

（2）時宗西福寺と河合家

時宗の高源山慧明院西福寺《こうげんざんすいめいいんさいふくじ》は三嶋大社の西三〇〇メートルに位置していて、創建は延慶《えんけい》二（一三〇九）年とい

（2）真言宗高野山派に属した三嶋大社の別当寺院。十数か所の末寺をもつ大寺院であったが、明治新政府による神仏分離令により消滅。愛染院とは護摩《ごま》堂に奉仕した僧侶の住居をいい、古くは神官・社家の範疇にあった。

（3）社家とは代々特定の神社の神職を世襲した家（氏族）で、河合家は社家・社人ではなかったが大社との関係は深く、大社の「下の方」に住まいがあったために「下社家」と呼ばれたと推察される。

（4）免税地のこと。

三島市・西福寺

われています。弘安五（一二八二）年、時宗の宗祖・一遍上人《いっぺんしょうにん》が(5)三島神社（三嶋大社）に参詣して境内で踊り念仏を行った際、途中から加わった時宗徒の何人かが長旅の疲れからか病死してしまいました。その人たちを弔った場所が「水上《みずかみ》道場」と呼ばれ、のちに西福寺になったといわれています。

南北朝時代には、亀山天皇の孫にあたる尊観法親王《そんかんほうしんのう》（一三四九〜一四〇〇）が西福寺六世となった関係で、同寺には菊のご紋が掲げられています。また、西福寺には亡くなった一遍上人の随行者たちの墓以外にも、三嶋大社神官の鳥居家や三嶋暦家（河合家）の墓もあります。河合家の墓石で明治期のものには、「加茂」と彫られているものがあります。

河合家は西福寺の檀家ですが、家の仏壇に位牌はなく、西福寺に残されている過去帳に歴代当主の名が記載されています。過去帳には第三一代当主の肩書きとして、「顕高祖考戸某府君之神主」とあるので、慶長一七（一六一二）年に亡くなった三一代以前は神道だったのではないかと思われます（八五ページの略歴参照）。

一遍上人随行者の墓（西福寺）

西福寺の菊紋

西福寺の寺紋は、「隅切角《すみきりかく》に三文字」ですが、これは一遍上人の実家である河野家の家紋の「折敷《おしき》（三方）」の真ん中に、大三島神社の神紋である「三」を組み合わせてつくられたものです。三嶋大社の神紋もまた、これに類似しています。

三嶋大社周辺には、河野姓の人たちが二十余名住んでいます。前述した「大宮古来記」に登場する、河野水軍の後裔にあたる河野氏なのか、一遍上人の系譜である河野氏であるのかはわかっていません。

（5）（一二三九～一二八九）伊予国の武家出身で、俗名は河野時氏。浄土宗の僧・聖達《しょうたつ》に師事し浄土教学を学び、のち時宗を開いた。遊行上人、捨て聖などとも呼ばれる。

「折敷に三文字」の河野家家紋

「隅切角に三文字」の時宗（西福寺）寺紋

「加茂」と彫られた墓石

「折敷に三文字」の三嶋大社神紋

「折敷に揺れ三文字」の大三島神社神紋

2　武士と三嶋暦

(1) 織田信長（一五三四〜一五八二）

江戸時代の初めころまで三嶋暦は、地方暦として伊豆国と相模国《さがみのくに》（現神奈川県）を中心に、関東諸国、甲斐（現山梨県）、信濃（現長野県）、駿河、遠江《とおとうみ》（現静岡県）まで頒布されていたようです。西日本では、主に京暦(6)が使われていました。

信長は三嶋暦と内容が同じ美濃暦《みのごよみ》を使用していましたが、あるとき、天正一〇（一五八二）年の三嶋暦には「閏一二月」があるのに対して、京暦には翌天正一一年正月の翌月に「閏正月」が入ることになっていることに気付きました。つまり、三嶋暦と京暦では閏の入る月がひと月ずれていたのです。

天下統一を目指す信長にとっては、東西の暦が違っているというのは非常に都合の悪いことでした。そこで天正一〇年一月、近衛前久《さきひさ》(7)と土御門久脩《ひさなが》(8)の二人に、京暦の天正一〇年一二月に閏月を入れるように要求しました。

一方、京の公家たちもこの問題を深刻にとらえ、京暦側が計算した精確な数値に基づくデータを示して、変更を要求する信長の説得に成功しました。公家たちにとって、一年で公事《くじ》のもっとも多い正月がずれることは一大事であったわけです。

この年、信長は三嶋暦を使っている北条氏との戦《いくさ》を視野に入れていたので、暦の統一を意図していたと思われます。しかし信長は、明智光秀の謀反（本能寺の変）により、国の統一も、暦の統一も果たせずに死去しました。

（２）織田有楽斎《うらくさい》（一五四七～一六二一）

織田有楽斎は名を長益《ながます》といい、信長の弟であり戦国時代の武将です。本能寺の変が起きたとき、二条御所から岐阜へ脱出しています。関ヶ原の戦いでは家康側についていましたが、大坂冬の陣のあと京都に隠棲《いんせい》し、茶人（有楽流の祖）となって茶道・芸能に親しみました。また、千利休の

（６）巻暦。江戸時代は、大経師暦《だいきょうじ》と院御経師暦《いんのみきょうじ》があり、大経師家は代々朝廷の表装職を務め全国の暦師の代表とされた。浜岡氏が改易になってから降屋《ふるや》氏が発行するようになる。院御経師暦は菊沢氏によって発行された。

（７）（一五三六～一六一二）京都生まれ。安土桃山時代から江戸初期の公家。

（８）（一五六〇～一六二五）安土桃山時代から江戸初期の公家、陰陽家。一四歳で陰陽頭、二一歳で天文博士になり、織田信長、豊臣秀吉に仕えた。

高弟でもあり、江戸の数寄屋橋御門付近に江戸屋敷があったことから「有楽町」という地名の元になったという説もあります。

その有楽斎が、元和四（一六一八）年に京都建仁寺を再興した際、塔頭《たっちゅう》(9)の一つである正伝《しょうでん》院の境内に造った茶室が「如庵《じょあん》」(10)です。この茶室は、有楽斎好みの代表的な草庵風茶室として名高く、篠竹を打ち詰めた「有楽窓」で有名です。建造以来、明治期に入って東京・麻布、大磯（神奈川県）へと移築されたあと、現在は名古屋鉄道所有となって愛知県犬山市にある「名鉄犬山ホテル」の敷地内の「有楽苑」にあり、国宝となっています。

苑内の奥まったところ、竹林の中にそっと置かれているように立つこの茶室には、古い暦（伊勢暦と京暦）を腰に貼った「暦張りの席」という部屋があります。度重なる移築のため、柱や板、壁は疲弊が著しいのですが、古い暦とともに四〇〇年にわたる歴史を感じることができます。国

如庵の「暦張りの席」
（写真提供：名鉄犬山ホテル内有楽苑）

宝犬山城のすぐ近くにありますので、観光などで行かれた際には是非お立ち寄りください。

また、各地に写しの茶席が残っていますが、東京・日本橋にある「三井記念美術館」が「如庵」を忠実に再現していますので、関東地方にお住まいの方は、まずはこちらをご覧になってから犬山に行かれてもいいかもしれません。

（3）北条氏政（一五三八〜一五九〇）

『北条五代記』(11)には、伊豆国三島と武蔵国大宮でつくられた天正一〇（一五八二）年の暦において一二月の大小に相違が出て、北条氏政(12)が安藤豊前守《あんどうぶぜんのかみ》(13)に命じて、両所の陰陽師を質《ただ》したとあります。その結果、三嶋暦が正しいと認められ、元日の慶賀を三嶋暦の日付で行っています。

---

(9)　禅宗寺院で大寺院・名刹によって建てられた別坊。

(10)　一説によれば、織田有楽斎のクリスチャンネームであるジョアン（Joan）からとったといわれている。

(11)　後北条五代（早雲・氏綱・氏康・氏政・氏直）の逸話を集めた書。後北条氏の旧臣・三浦茂正の著した『慶長見聞集』から茂正の旧友という人物が抄録したもの。

(12)　戦国時代の相模国の武将、大名。後北条氏の第四代当主。北条氏の最大版図を築くが豊臣秀吉の小田原征伐で降伏し切腹、北条氏の関東支配を終結させた。

(13)　生没年不詳。相模国北条氏の家臣。入道名は良整《よしなり》。

　このような経緯のもと、北条氏からお墨付きをもらった三嶋暦は、その後、豊臣の時代を経て江戸幕府公認の暦として採用されることになったわけです。

（4）徳川秀忠（一五七九～一六三二）

　江戸幕府公認となってからも、当初は三嶋暦と京暦の間で相違が起きています。元和三（一六一七）年六月の暦に、一日のずれがあったのです。二代将軍の秀忠は上洛を控え、出発の日程を決めるのに、どちらの暦で判断すればよいか迷っていたそうです。

　このようなことがあったために頒暦《はんれき》を統一する必要性が論じられ、貞享元（一六八四）年の改暦の際に頒暦の統一へとつながっていったのです。

「毎年一二月一五日に、江戸城・蘇鉄《そてつ》の間で三嶋暦の巻暦を献上した」という河合家の記録があります。

将軍から時服として拝領された羽織

その際に時服《じふく》(14)を拝領するという習わしがあったのですが、五代将軍綱吉（一六四六〜一七〇九）のころから銀子三枚に替えられたとあります。おそらく、貞享の改暦を機に幕府天文方が創設されて、それまで丁重にもてなされていた対応に変化があったものと思われます。

（5）大岡越前守忠相《ただすけ》（一六七七〜一七五二）

河合家が所蔵している「御用留」（八八ページ参照）を読むと、天保一二（一八四一）年に書かれた願書《ねがいがき》の写しに、元文四（一七三九）年に河合龍節元隆《かわいりゅうせつもとたか》（第四三代当主）が寺社奉行(15)である大岡越前守忠相(16)に提出した伊勢暦の侵犯について書かれています。当時、忠相は、伊勢国（現三重県）の第一八代山田奉行(17)を務めていました。

(14) 毎年春と秋または夏と冬に朝廷や将軍等から季節に応じて諸臣に賜った衣服。
(15) 室町時代から続く武家政権における職制の一つ。宗教行政を司る。老中配下の町奉行・勘定奉行とは異なり将軍直属の機関。
(16) 江戸中期の幕臣、大名。山田奉行、普請奉行、江戸南町奉行、寺社奉行などを歴任した。町奉行のときに、八代将軍徳川吉宗の享保の改革を支えた。
(17) 江戸幕府の役所の一つ。度会郡（現三重県伊勢市）に置かれ、伊勢・志摩の訴訟を担当した。

願書の内容は、岡田芳朗氏が著した『暦ものがたり』（角川選書、一九八二年）にも書かれているように、「近年伊勢御師《おんし》共(18)が（伊豆・相模）両国内で伊勢暦を土産として賦《わけ》るために三嶋暦が売れなくなって迷惑である。伊豆・相模両国においては外暦の持込みを禁じてほしい」（一五一ページ）というものでした。

訴えを受けた忠相は、老中の許可を得たうえで三嶋暦師の主張を認め、山田奉行に通達しました。そして山田奉行は、伊勢暦の伊豆・相模両国への販売を禁止する旨の通達を出しました。しかし、それが守られたのは一時的で、その後も伊勢の御師たちが侵犯して来ることがあったようです。

「御用留」の写しからすると、天保一二年の願書は、最初の願書（元文四年）から一〇二年後に三度目が出されたものと読めます。どうやら河合家の当主は、そのたびに江戸まで陳情に赴いていたようです。

3　幕府天文方《てんもんがた》と三嶋暦

(1) 幕府天文方

幕府天文方が創設されたのは貞享元（一六八四）年です。前述したように、このとき渋川春海《はるみ》が貞享の改暦での功績によって初代天文方に任命されました。当初は寺社奉行支配でしたが、延享四（一七四七）年に若年寄支配となりました。俸禄《ほうろく》(19)は一〇〇俵で、五人ないし一〇人扶持が加算されます。

幕末までに、渋川・猪飼《いかい》・西川・山路・吉田・奥村・高橋・足立の八家が任命されています。なかでも高橋家は、後述する二代目である高橋景保《かげやす》(20)が起こした事件は別として、天文方にとって重要な役割を果たしました。

(18) 伊勢神宮に属する身分の低い神官。信徒を相手に祈祷や宿泊の世話をした。伊勢神宮以外では「おし」と呼ぶ。

(19) 職務に対する報酬の米や金銭。

(20)（一七八五～一八二九）大坂生まれ。江戸時代後期の天文学者、幕府天文方。蕃書和解御用主管《ばんしょわげ》、書物奉行などを務める。伊能忠敬の全国測量事業を監督し、『大日本沿海輿地全図』を忠敬の没後完成する。

江戸時代の二度目の改暦は、宝暦五（一七五五）年に行われました。このとき八代将軍徳川吉宗(21)は、中国・清朝の暦法（時憲暦）がイエズス会の宣教師アダム・シャール(22)（湯若望《とうじゃくぼう》）が編纂したものであることを知り、日本でも西洋天文学を取り入れた暦法によって改暦することを望み、天文方の西川正休《まさやす》(23)に改暦の命を下しました。しかし、京都の土御門家が江戸幕府の管轄になった作暦の権利を取り戻そうと考えていたので、暦をとりまく状況は緊迫していました。

そうしたなか、土御門泰邦《やすくに》(24)が政治力を使って正休の観測をさまざまなかたちで妨害をしたために、正休の作暦作業は遅々として進みませんでした。なかなか進まない作業を見かねた幕府は、あろうことか改めて泰邦に作暦の命を下しました。その結果、できあがった宝暦《ほうりゃく》暦は中国暦法を使用した貞享暦を少し訂正した程度のもので、「貞享暦の改悪《じょうきょうれきのかいあく》」という人まで現れました。

（2）麻田剛立《ごうりゅう》と高橋家

そのころ大坂では、同心(25)の高橋至時《よしとき》(26)が麻田剛立(27)に師事し、天文学を学んでいました。剛立は、宝暦暦が外した日食を言い当て、時の人となっていました。そこで、幕府が剛立に改暦を命じたところ、剛立は年齢を理由に断わり、代わりに至時を推薦しました。

推薦を受けた至時は、江戸に出て西洋天文学を取り入れた改暦を行いました。これが、寛政一

○（一七九八）年に行われた江戸時代三度目の改暦・寛政の改暦です。この寛政暦は、西洋天文学の漢訳書『暦象考成後編《れきしょうこうせい》』の影響を受け、月や太陽の運行にケプラーの楕円軌道論を導入するなど優れた暦法でした。

以後、高橋家は天文方を世襲することになるのですが、至時が亡くなって長男の景保が世襲したのち、文政一一（一八二八）年に悲劇は起こりました。世にいうシーボルト事件です。

---

(21)（一六八四〜一七五一）将軍就任以前は、紀伊藩（現和歌山県）第五代藩主を務める。享保の改革を実行。

(22)（一五九一〜一六六六）神聖ローマ帝国の生まれ。一六二二年、明朝の中国に渡り伝導。西洋天文学の『崇禎《すうてい》暦書《れきしょ》』を完成。清代に国立天文台である欽天監《きんてんかん》監正（長官）に任じられる。

(23)（一六九三〜一七五六）長崎生まれ。江戸中期の天文家、幕府天文方。宝暦暦の作成を命じられるも、吉宗の急死などもあり遂げられなかった。祖父と父は天文学者の西川忠益《ただます》と西川如見《じょけん》。

(24)（一七一一〜一七八四）京都生まれ。陰陽道宗家、暦法家、陰陽頭。宝暦暦が施行された前年に『暦法新書』を著している。

(25)江戸幕府の下級役人。町奉行所・与力の下で庶務・見回りなどの警備に就く。高橋至時は一五歳のときに定番《じょうばん》同心を継いでいる。

(26)（一七六四〜一八〇四）大坂生まれ。江戸後期の天文学者、幕府天文方。裕福な質屋を営む大坂の間重富《はざましげとみ》とともに江戸に出て寛政暦をつくった。

(27)（一七三四〜一七九九）豊後国杵築《きづき》藩（現大分県）の生まれ。観測装置を改良、理論を実測で確認し、ケプラーの第三法則を発見する。月には「アサダ」という剛立の名前に由来するクレーターがある。

シーボルト(28)はオランダ商館の医師で、オランダ商館長の将軍謁見に随行して江戸に出府したときに景保と出会います。シーボルトと親交をもった景保は、シーボルトが所持していた『世界周航記(29)』（クルーゼンシュテルン著）と伊能忠敬《いのうただたか》(30)の『大日本沿海輿地《よち》全図』との交換を提案して、日本地図を外国人に渡すという国禁を犯してしまったのです。これにより、シーボルトは永久国外追放、景保は獄死、高橋家は天文方の世襲を認められなくなりました。

幸いにも、すでに渋川家の養子に入っていた弟の景佑《かげすけ》が渋川景佑(31)として天文方を引き継いでおります。この景祐が、天保一五（一八四四）年に四度目の改暦・天保の改暦を行ったわけです。このような経緯のもと、幕末まで残った天文方は、渋川、山路、足立の三家となりました。

（3）司天台《してんだい》

ところで、幕府天文方とはどのような仕事をしていたのでしょうか。日本地図を作成した伊能忠敬は、至時に師事して観測術を学んでいますし、景保は外国語に堪能でした。このように天文方は、作暦、天文のほかに測量、地誌編纂、洋書翻訳などを職務としていました。

春海以後、暦は天体を実測し、その数値を基につくられるようになりました。その拠点である司天台（天文台の前身）は、貞享二（一六八五）年に牛込藁《わら》町に設置され、以後本所、神田駿河台、神田佐久間町、牛込袋町と移転していますが、これは司天台を築く場所が天文方の邸宅内だったためで、天文方が変わることで司天台も移転せざるを得なかったからです。もっとも司天台は、建造物としてはそれほど堅固にはできていなかったようなので、移転するのも割と簡単だったのかもしれません。

その後、天明二（一七八二）年に浅草へ移ったのですが、このときから「天文台」と称されるようになりました。当時の天文方は高橋至時で、寛政暦はここでつくられています。

このころの地図を見ると、蔵前片町・新堀川沿いに「頒暦《はんれき》所御用ヤシキ」(32)とあります。天保一

---

(28)（P.F. von Siebold. 1796~1866）神聖ローマ帝国ヴェルツブルクの生まれ。生物学・民俗学・地理学など多岐にわたる事物を日本で収集し、オランダへ送る。シーボルト事件の際も多くの標本などを持ち帰った。

(29) ロシアの軍人クルーゼンシュテルンが一八〇三年から一八〇六年に行った世界一周の調査報告探検記。一八〇四年に行ったカムチャツカ、千島、サハリンの北方海域の調査は評価の高いものだった。

(30)（一七四五～一八一八）上総国山辺郡（現千葉県）生まれ。江戸時代の商人、測量家。

(31)（一七八七～一八五六）大坂生まれ。江戸時代の天文学者、幕府天文方。渋川正陽《まさてる》の養子。天保暦をつくる。兄景保とともに父至時を引き継いでフランスの『ラランデ暦書』の翻訳事業にあたり、兄の死後に完成する。優れた理論家の一人で著書を多数残している。

(32) 現在の東京都台東区浅草橋三丁目にあった。周囲約九三メートル、高さ九メートルの築山の上に約五・五メートル四方の天文台が置かれていた。

三（一八四二）年には、景佑《かげすけ》が渋川家専用の九段坂測量所を造り、そこで観測を行いました。しかし、いずれも明治二（一八六九）年に天文方とともに廃止されました。浅草天文台は、葛飾北斎の『富嶽百景』で「鳥越の不二」として描かれています。

鳥越の不二（浅草天文台の図）
（国立国会図書館蔵）

（4）暦の全国統一

先に述べたように、天文方は洋書の翻訳もしていたのですが、第一の役目はやはり作暦でした。貞享《じょうきょう》の改暦以後、暦の頒布制は宣明暦《せんみょうれき》のころとは異なり、幕府天文方を中心に構築されました。複雑で専門用語も並ぶことになりますが、幕府天文方と三嶋暦師らとの関係を知っていただきたいので記しておきます。

まず、幕府天文台で暦算《れきさん》が行われ、それに幸徳井《こうとくい》家(33)の陰陽師によって吉凶の日取りが付されます。再び天文方へ差し戻されて校閲を受け、その返答を待って幸徳井家から大経師《だいきょうじ》へ写本暦《しゃほんれき》を渡します。大経師は、それをもとに彫刻し、刷った写本暦を天文方に差しおろします。そして、天文方から江戸・会津・三島・伊勢・南都の各奉行所・代官所を通じて暦師に渡されます。

図表４－１　暦作成の流れ

幕府天文方（暦算）

↓

幸徳井家（吉凶の日取りを付し、天文方の校閲を受ける＝写本暦）

↓

大経師（写本暦をもとに彫り、新しく写本暦を刷る）

↓

天文方

↓

各地の暦師（写本暦をもとに彫り、交合暦を刷る）

↓

天文方（校閲後、訂正箇所を指摘し「交合済」と印す）

↓

各地の暦師（訂正・刷り・製本・頒布）

受け取った暦師は、写本暦をもとに彫刻し、終わり次第「交合暦《こうごうれき》（校正用の暦）」を刷って天文方へ送り、再び校閲を受けて、誤りがあれば訂正箇所といっしょに「交合済」の書付が下付《かふ》されました。暦師は、書付をもとに訂正、印刷、製本をして、晴れて頒布にこぎ着けます。この一連の流れを表すと**図表４－１**のようになります。

このようにしてつくられた暦は、綴暦《とじごよみ》という一般庶民向けのもので、将軍と三嶋大社には手書きの巻暦が献上されていました。

それまでの暦は、各地の有力神社に帰属した暦師が宣明暦を用いて各地で独自に推算・造暦していたのですが、ようやくここで全国的に統一されたわけです。ただし、薩摩暦だけは独自の暦

---

(33)　南都奈良を根拠地とする陰陽道を家業とする官人。元は安倍氏の末裔だが、初代幸徳井友幸が賀茂家の養子となり、幸徳井家を創設。

をつくることを許されました。地理的な条件が異なったためと思われます。

　できあがった暦には、店頭・庄屋などで売買される売暦《うりごよみ》と、宗教者が檀家・氏子などに配る土産暦《みやげごよみ》がありました。広く配られた伊勢暦は後者の形態をとるもので、伊勢神宮の御師《おんし》が地方にお札《ふだ》を配って回ると「暦がほしい」という要望が多かったので、暦をお札に添えるようになりました。初めは丹生暦《にうごよみ》(34)だったのですが、のちには自前でつくって配りました。

　三嶋暦は中世からの版暦であり、前者の形態をとっています。このころは、相模・伊豆両国での販売が許可されていました。庄屋のような、その地域の有力者が必要な暦の数をまとめて河合家の手代に注文していたようで、その注文書が今も残っています。

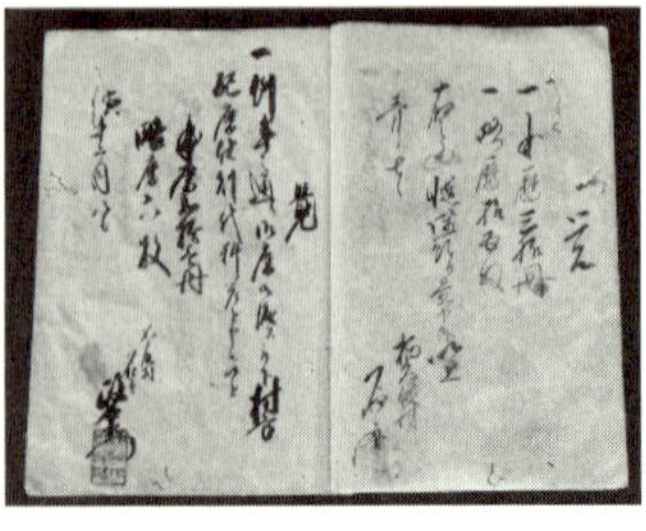
暦の注文書

(5) 伊豆国代官と三嶋暦家

　伊豆国には沼津藩などの所領もありましたが、基本的には幕府の直轄地でしたから代官支配でした。江戸時代の三島宿には、伊奈忠次《いなただつぐ》(35)が代官頭として務めてから、江川家以前に二一人の代官がいました。世襲となったのは江川家からで、代官所は韮山（現伊豆の国市）に移り、三島宿には陣屋が置かれました。

江川家は、江戸中期から幕末までの間に五人が韮山代官を務めています。幕末に欧米列強がやって来たとき、反射炉や品川台場の設計・造営の指揮を執ったことで知られる江川英龍《ひでたつ》(36)（坦《たん》庵《なん》・号）は四人目となります。

安政元（一八五四）年、東南海地方を大地震が襲いました。これにより三島宿も建物が倒壊したり、火災で焼失する家屋が続出するなど甚大な被害が出ました。そのとき、韮山代官所によって救援対策が取られ、倒壊後に焼失した三嶋暦師の家屋については、裾野十里木にあった関所の建物を移築して使用するように、という申し渡しがありました。それが現在、「三嶋暦師の館」といわれている起《む》り破風《はふ》の建物です。

---

(34)　伊勢国飯高郡丹生（現三重県多気町丹生）でつくられた暦。中世以降、賀茂杉太夫が暦の司《つかさ》を任じられ、頒暦は一六世紀からと考えられる。「紀州暦」とも呼ばれる。

(35)　（一五五〇～一六一〇）三河国（現愛知県）生まれ。徳川氏の直轄領の多数の小代官をまとめていた代官頭。三島代官として小代官を束ねた初代代官は井出《いで》志摩守正次《まさつぐ》。

(36)　（一八〇一～一八五五）伊豆国田方郡（現静岡県伊豆の国市）生まれ。江戸後期の幕臣で、洋学を学んで西洋砲術を普及させる。築造した反射炉（伊豆の国市）は、平成二七（二〇一五）年にユネスコの世界文化遺産「明治日本の産業革命遺産」の構成資産に登録された。

（6）天文を学ぶ人びと

江戸時代には、全国各地の藩にも「天文方」といわれる役人がいました。天体観測の原点は定点観測にあり、彼らは作暦作業や観測を行う幕府天文方の手付《てつけ》手伝いというような仕事をしていました。そういった人たちのなかには、伊能忠敬が全国を測量して回った際、彼とともに仕事をしたり、忠敬が測量する姿を目にした人たちも大勢いました。忠敬からいろいろなことを学びたいという熱い思いで、彼らは忠敬の宿泊所を訪ねていたようです。

忠敬が伊豆半島を測量したのは享和元（一八〇一）年でした。そのとき三島宿にも宿泊しているのですが、そこへ韮山代官所の手代が、三河《みかわ》国（現愛知県）から斎藤九郎左衛門という者を連れて訪ねています。忠敬の日記には、「この斎藤氏は算術者にて授時暦《じゅじれき》[37]をも知り韮山御代官殿へ算術暦術共に御指南も致し」と書かれています。韮山代官の江川家で天文や暦に関心をもっていたのは、英龍の父、江川英毅《ひでたけ》[38]でした。英毅は、漆塗りの暦盤《れきばん》や天体測量の道具を多数コレクションしていました。

当時、多くの医学者、蘭学者、豪商らが、天文・暦学に興味をもっていたようです。また、大坂の話になりますが、眼鏡研師《とぎし》の岩橋善兵衛[39]が「窺天鏡《きてんきょう》」という天体望遠鏡を製作し、医者で紀行文なども書いた橘南谿《たちばななんけい》[40]とともに南谿の別荘で天文観測を行っています。

善兵衛は、「平天儀《へいてんぎ》」という現在の星座早見盤のようなものをつくり、天体解説書である『天文捷径《しょうけい》　平天儀《へいてんぎ》図解《ずかい》』と合わせて出版しています。平天儀は、月齢と月と太陽の位置関係、太陽の位置と二十八宿星との位置関係などがわかるようにつくられています。これを見ると、

(37)　中国暦の一つ。至元一八（一二八一）年から使われ、大統暦と名前を変えて明朝末の一六四四年まで使用された、元《げん》王朝が使用した暦法。渋川春海は授時暦に元の都との里差を加えて大和暦を考案した。

(38)　（一七七〇～一八三四）伊豆国田方郡生まれ。韮山代官。新田開発、植林に努め、代官就任時に五万余にすぎなかった石高を七万を超えるまでにした。

(39)　（一七五六～一八一一）現在の大阪府貝塚市生まれ。製作した窺天鏡は、高橋至時や間重富をはじめ大名らも用いた。

(40)　（一七五三～一八〇五）伊勢国久居《ひさい》（現三重県津市久居）生まれ。名は宮川春暉《はるあきら》、橘は妻の姓。臨床医としての見聞を広めるための旅先では治療もしている。南部藩で文字を使わない南部絵暦を知り、京都に持ち帰る。

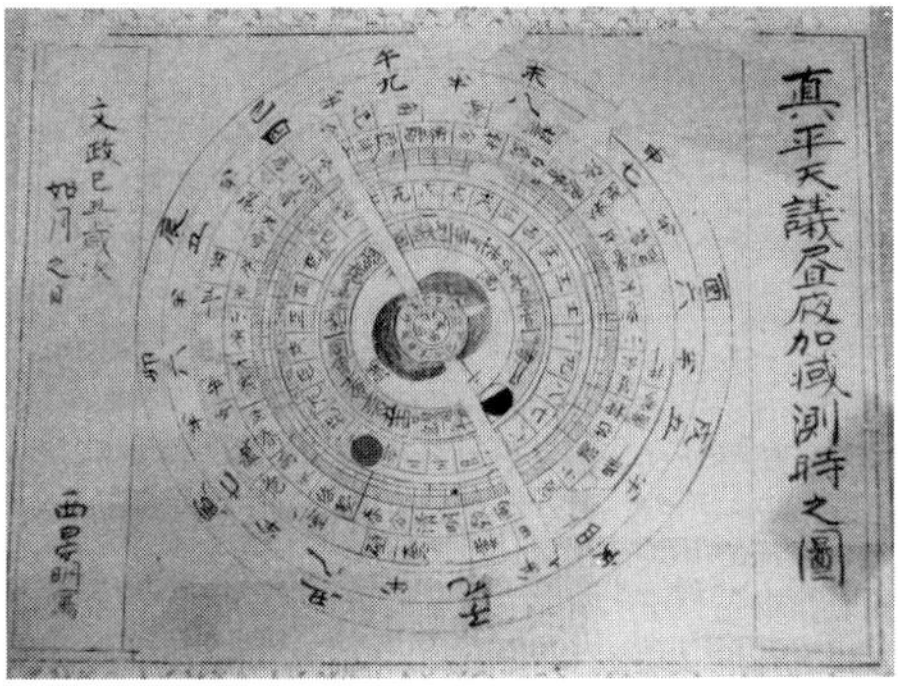

三嶋暦師の館に展示されている「真平天議昼夜加減測時之図」

暦の二十八宿は吉凶占いの判断材料ですが、天体の二十八宿は「空の定規」といってもよいように思えます。

この平天儀に類似したものが河合家に残されていました。それが、三嶋暦師の館に常設展示されている「真平天議昼夜加減測時之図」です（写真とレプリカ）。「しんへいてんぎちゅうやかげんそくじのず」と読みます。左下に、「西晏明写」（読み不詳）と書かれていて、三嶋暦家に関係する人が善兵衛の「平天儀」を写し、同じようなものをつくって勉強をしたのではないかと推測されます。

4　明治維新と三嶋暦

（1）維新直後の身分支配についての願書《ねがいがき》

明治維新のあと、藩に先駆けて直轄地に府県制が敷かれ、英龍の息子である江川英武《ひでたけ》(41)が韮山知県事となりました。明治二（一八六九）年のことです。この年、第五〇代三嶋暦師河合龍節《りゅうせつ》は、身分支配について韮山知県事に「願書」を提出しています。

明治の初めに司天台から三嶋暦家には、これまでの伊豆・相模の二か国から頒暦範囲を広げ、駿河・甲斐・三河・遠江・美濃《みの》（現岐阜県）の五か国を加えた七か国の弘暦者《こうれきしゃ》を申し付けるという御達しがありました。同時に身分支配については、韮山知県事の附属となるように、とのことでした。

すると三嶋大社が、暦家は古来より三嶋大社の社役人である、と申し立てたのです。そこで龍節は、「伊勢暦の弘暦者は度会《わたらい》府(42)の支配になったというように聞いているので、三嶋暦もそうしていただきたい」とさらにうかがいを立てます。それに対して、「伊勢暦と三嶋暦では、古来から神社との関係が違うので、同様には考えられない」というのが三嶋大社の言い分でした。

そして、翌明治三（一八七〇）年一二月、暦家は三嶋大社の神主支配であるという裁可が出されました。韮山県は明治四（一八七一）年には足柄県に統合され、暦師の周辺も激動の時代を反映して移り変わっていきました。

---

(41)（一八五三〜一九三三）伊豆国田方郡生まれ。幕末期の韮山代官、明治期の韮山知県事。

(42) 現在の三重県の一部を管轄した県で、度会府は、発足当時の名称。伊勢国内の幕府領・旗本領、伊勢神宮などを管轄するために明治政府によって設置され、明治九（一八七六）年の第二次府県統合で三重県に統合された。

コラム②　献上お勤め日記

毎年12月15日に行われる江戸城での暦献上に向けた暦師の約14日間にわたる献上御用に同行してみましょう。

一行は12月８日中に箱根を越え、10日、江戸へ到着するとまず表具師と木具師に表装と献上台を注文し、常宿に泊まります。11日、奉行所に届けを出し、翌日には献上物の折熨斗《おりのし》の支度をはじめます。紙は本丸と二の丸には２枚両面合折りを（その他には１枚物）、水引は御城への物には金銀水引（その他には赤白・赤青）を使います。

13日、表具師方で巻暦を張り上げて封印し、14日に奉行所へ赴き翌日の献上を確認し、帰途、木具師方に立ち寄って献上台を受け取って準備を整えます。献上日の15日、午前４時半に江戸城大手門に着き、夜明けを待って登城。玄関脇の蘇鉄の間で若年寄御用番の前に召し出されて巻暦を献上し、用意しておいた献上済手札を提出します。

16、17日は御暇《おいとま》（江戸退出）の手札などをしたためながら過ごし、18日に奉行所へ参上して御暇登城の切紙（確認書）をいただきます。19日、午前８時に登城し、老中・若年寄・寺社奉行の御用番が揃ったところで月番御暇拝領物を受け取って退出し、御小納戸（雑務担当）で報酬の銀子３枚を受け取ります。

翌日は帰路に就くのですが、箱根辺りでは１年を振り返る余裕が見えます。この途上、江戸城の御坊主や御小納戸、箱根の関所の役人に八寸暦等を差し上げます。

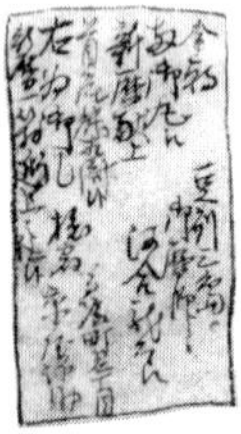

献上済手札の写し

（2）頒暦商社の設立と明治の改暦

明治五（一八七二）年四月、政府は頒暦行政の円滑化と収入の安定を計るために、文部省の指導のもと、全国にいる頒暦者（約四〇軒）を統合して東西に頒暦商社を設立しました。頒暦商社は、年一万円（現在の金額で約三億円）の冥加金《みょうがきん》(43)を政府に納めました。河合家も東京頒暦商社の一役員となり、官暦の製作と販売に携わりました。

そうしたなか、明治六（一八七三）年版の暦（旧暦）が明治五年一〇月から全国で発売されたのですが、その発行部数は四五〇万部にも及ぶものでした。しかし、政府内では太陽暦（時刻法も二四時間制）へ移行する準備が進んでいたのです。そして明治五年一一月九日、同年の一二月三日を明治六年一月一日とする、という太陽暦への改暦が突然発表されたのです。

(43) 江戸時代に山野河海を利用したり、営業などの免許の代償として支払った租税の一種。

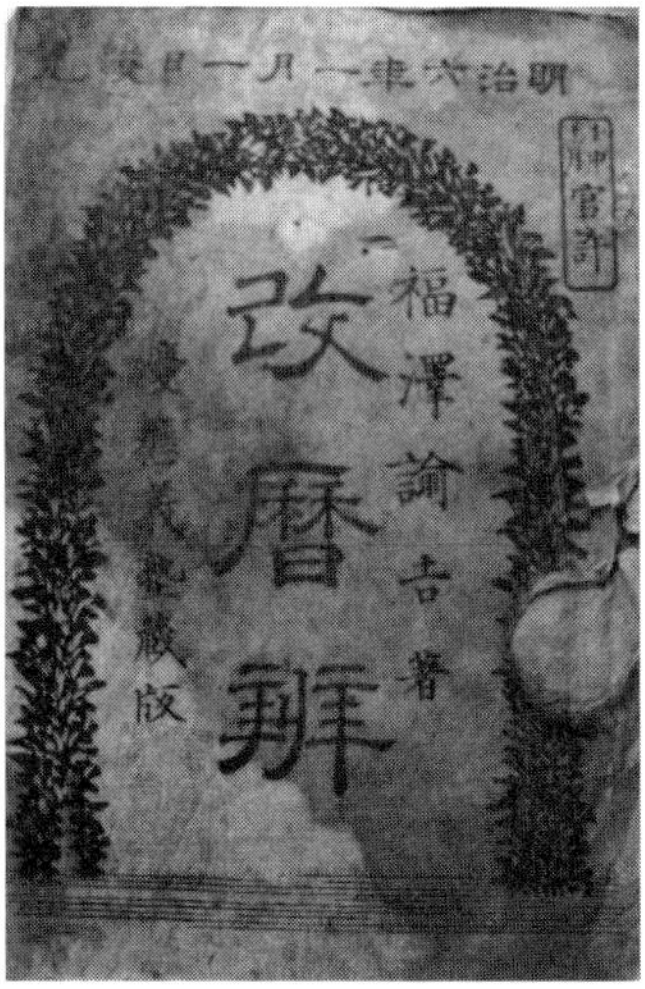

福澤諭吉によって書かれた『改暦弁』
（慶應義塾蔵版、明治6年1月1日発行）

この改暦は、開国した日本が先進諸外国との交流をしていくために必要な措置でしたが、あまりに急だったために日本各地で混乱が生じました。そこで福澤諭吉（一八三五～一九〇一）は、国民に太陽暦の必要性を訴えるために、たった半日で太陽暦の解説書である『改暦弁』を書き上げています。

しかし、太陽暦への改暦により頒暦商社は大きなダメージ（売れ残り二七八万部、約三万九〇〇〇円）を受けました。その見返りとして、このあと一〇年間は官暦の製作と販売をしてもよい、という独占権が認められたのですが、一〇年後の明治一六（一八八三）年、暦は神宮司庁の管轄となってしまいました。こうして、三嶋暦家である河合家も、鎌倉時代から続けてきた暦の製作と販売に終止符を打つことになったのです。

引札暦の版木

一方、略暦などは民間での発行が許され、それらが現在のカレンダーの元となる引札暦《ひきふだごよみ》（宣伝チラシ）になったといわれています。河合家も、三島町内の商店の引札を一部作成しています。

第5章 暦工房・三嶋暦師の館

三嶋暦師の館（旧河合家住宅主屋）は、平成一八（二〇〇六）年一〇月一八日に国の登録有形文化財の指定を受けました。三島市にある当該文化財は、現在、八建造物があります（**図表５－１**参照）。登録の基準は、「造形の規範となっているもの」となっており、現在は「文化財を自由に活用しながら保存していく」という考え方に基づいて運用し、一般公開されています。

以下では、この館の特徴や、暦工房としてどのような仕事をしていたのかについて説明をしていきます。とはいえ、製作については文章での説明が難しいかもしれません。ご興味をおもちになったら、是非、館まで足を運んでください。

三嶋暦師の館の玄関

図表５－１　三島市の国の登録有形文化財

	名　称	構造及び形式	所在地	建築年代等
1	隆泉苑	木造平屋建、瓦葺	三島市中田町1-43	昭和６年
2	隆泉苑表門	木造四脚門袖塀付、瓦葺	三島市中田町1-43	昭和６年
3	懐古堂ムラカミ屋	木造２階建、鉄板葺	三島市大社町18-5	大正15年
4	三嶋暦師の館（旧河合家住宅主屋）	木造平屋建、瓦葺	三島市大宮町2-5-16	江戸末期
5	梅御殿	木造２階建、銅板葺	三島市一番町15-6	明治中期
6	丸平商店店舗	木造２階建、瓦葺	三島市中央町4-16	明治初期
7	丸平商店土蔵	土蔵造及び石造２階建、瓦葺	三島市中央町4-16	明治初期
8	旧三島測候所庁舎	鉄筋コンクリート造２階建	三島市東本町2-5-24	昭和５年

1　建物と庭

建物は漆喰塗りの真壁《しんかべ》造り、屋根は現在ではつくられていない特殊な瓦葺きとなっており、「起《むく》り破風《はふ》」の式台玄関に特色があります。河合家に残る言い伝えでは、幕末に旧家屋が安政の大地震で倒壊後、放火によって焼失した際、韮山代官であった江川太郎左衛門の計らいで、裾野の十里木にあった関所を解体・移築したとなっています（一〇七ページ参照）。

庭には「タイサンボク（モクレン科）」が植えられており、毎年初夏になると白色の花を咲かせます。このタイサンボクは、第一八代アメリカ合衆国大統領であるグラント氏

（Ulysses Grant, 1822～1885）が退官後の明治一二（一八七九）年に日本を訪れた際に河合家に贈与したもので、上野恩賜公園の同樹と同じときに植樹されたものです。

近年、敷地内には三嶋暦などに使う和紙の材料になる「楮《こうぞ》」や「三椏《みつまた》」などを植樹していますが、「雁皮《がんぴ》」については地熱に恵まれた風土でしか育たないため植えていません。

館の庭で人気者といえば「算額絵馬《さんがくえま》」です。近所に住む小中学生たちも設問と解答に参加しています。この算額絵馬は、映画『天地明察』（滝田洋二郎監督、角川映画・松竹、二〇一二年）にならったものです。

算額絵馬

2　三嶋暦の製作

次ページに掲載した**図表5－2**は、河合家が三嶋大社に提出した間取り図です。人別帳（家族構成）とともに納めたといわれているもので、安政の大地震以後のものと思われます。このよう

図表5－2　河合家間取り図

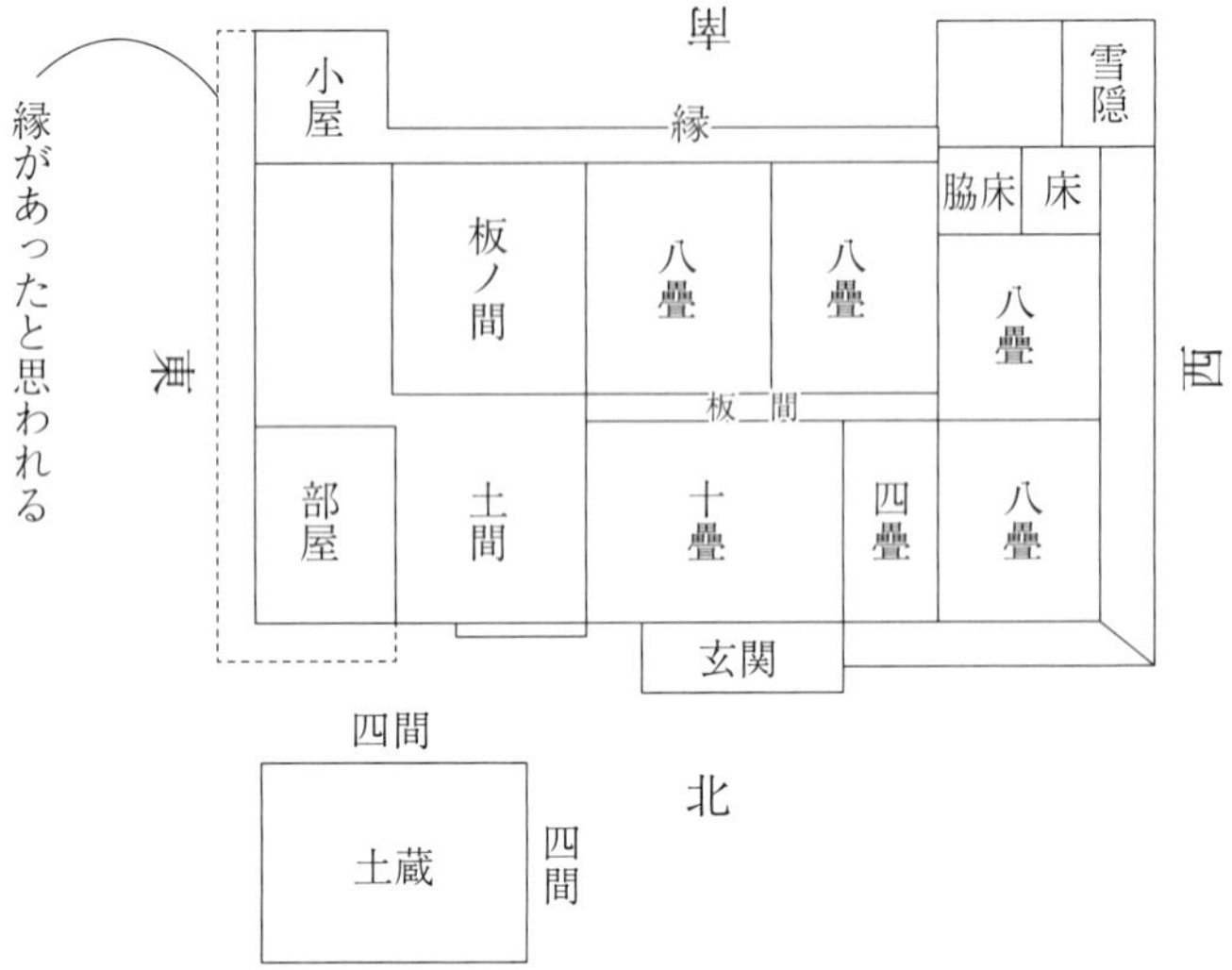

な間取りのもと、企画・設計・製造・保管・管理の統合建家として機能していました。

　建物および天文台は三嶋大社領内の東側、賀茂川（現大場川）の近くにあり、当時、その面積は七〇〇坪（約二三一〇平方メートル）近くもあったようです。この周辺には、往時をしのばせる「暦門《こみかど》」という通称も伝わっています（一五八ページ、一九六ページ参照）。

　後述するように、最盛期、この工房には専門技術者集団を中心に二〇名ほどが通っていたと思われます。そのメンバーを大別すると、「絵師」「彫師」「刷師」とその助手になります。以下で、それぞれの仕事について説明をしていきます。

(1) 技術

三嶋暦には、漢字・漢数字・仮名文字・絵記号・紋様・罫線などが使われています。綴暦の枠取を含めた凸版彫刻面は、縦約五寸（約一五センチ）・横約九寸（約二七センチ）となっており、そのなかに二〇〇〇字弱が造形されています。このような版木八枚が一年分の印刷版木となります。文字もさることながら、細い罫線が彫り残されていたことに感動すらしてしまいます。

版木全体の大きさは、縦約七寸（約二一センチ）・横約一尺（約三〇センチ）・厚さ約八分（約二・四センチ）で、山桜を用いてつくられていました。

この専門技術者集団は、それぞれ独自に技術を練磨創出していましたので、使っていた道具・治具《じぐ》（加工用の道具）・素材などはすべて個人の所有物となっていましたので、後世、それらは残らず散逸したものと思われます。

絵師《えし》

薄手の和紙にその年の版刻文字を書き、版木に裏文字で密着・接着・乾燥させる行程を担当したのが絵師です。版木に直接裏文字で書くことはありませんでした。なぜなら、このとき和紙は雁皮の薄手を使っており、裏文字を透過させていたと思われるからです。筆・紙・のり・刷毛《はけ》などは、前述したように職人の自作、自己調達です。墨一色の印刷なので、版木ごとに一種類一枚の原紙で製作したものと思われます。

彫師《ほりし》

絵師から渡された裏文字版木を、正確かつ精密に自作の彫刻刀で「模写彫刻」するのが彫師です。この場合、彫刻刀は平刀《ひらとう》を基本に丸刀《まるとう》・角刀《かくとう》の大小を数種類と、その脇に砥石を揃えて置きます。彫師の技術は修練の極致にあるので、彫り込みの失敗ということはあまり考えられないのですが、万が一修正する際には「埋め木」をしていたようです。

また、山桜の墨掛《すみがけ》原板を版木板に加工する前に三方の稜《りょう》の削《そ》ぎ落とし、表面の平滑化、外枠線の前彫りおよび前年度の彫刻の切除などといった作業も彫師の仕事だったようです。

刷師《すりし》

刷師は、「仕上品質＝商品価値」を決めるという大事な役目となります。その決め手は、「和紙と墨とバレンの相性の見極めと管理」にあります。紙の手配、墨の調合、バレンと刷毛《はけ》の設計製造は、すべて刷師が行っていました。木彫印刷の専門家によれば、当時使っていたバレンの単価を現在の価格に換算すると、数万円もするということです。

電気がない時代、専門技術者集団は、精緻な作業を自然光（太陽光）のもとで行っていました。言うまでもなく、彫刻は手や手で持つ道具の陰影が文字を彫るときに邪魔になります。そのため、影のできにくい自然光を追って作業をしていたわけです。

影が手元を邪魔しないので繊細な彫りが可能となり、室温が安定することで墨の乗り具合を均一にすることができたのです。このような質の高い作業を行っていたことで、一枚の板で二万枚もの印刷が可能でした。関所の建物を使った館の間取り図（一一八ページ参照）から、廊下の配置や八畳間の配列、東側の間取りなどにその工夫が感じられると思います。

（2）材料

すべての植物性繊維は紙の原料となり得ます。しかし、繊維の性質、原料の貯蔵、繊維化の難易度、供給の利便性とコスト、および耐久性などの諸条件を考えると、現実に紙の原料となり得るものはかぎられています。和紙本来の特性（経年寿命・極薄化と強靱性・風合など）を発揮できる原料は、楮《こうぞ》・三椏《みつまた》・雁皮《がんぴ》の三種類以外はないといえるでしょう。

その指標の一つとなる「紙の密度」は、左記の式に基づいて計算ができます。

紙の密度（g/cm^3）＝坪量（g/cm^3）÷厚さ（mm）×1000

ちなみに、徳川家康と豊臣秀吉の政務・文化事績にかかわる文書の和紙を比較すると、家康のものが格段に多く、かつ保存状態も良好だそうです。この背景には、家康と秀吉の重用した家臣・ブレインの教養の差があったと思われます。両者の「出自」の違いが影響しているのか、家康は和紙に通じていたといわれています。紙質の良し悪しが使用する者の地位と教養を証しています。パソコン全盛期の現代を生きるわたしたちも、この事実を心に留めておく必要があるかもしれません。

図表５－３　紙の密度の比較

和紙の密度	0.3~0.6g/cm^{3*}
楮紙	0.3g/cm^3
三椏紙か楮紙の打紙	0.6g/cm^3
雁皮紙	0.6g/cm^{3}以上
新聞用紙	0.64g/cm^{3*}
上質紙	0.82g/cm^{3*}
晒クラフト紙	0.76g/cm^{3*}
コート紙	1.20g/cm^{3*}
グラシン紙	1.00g/cm^{3*}

＊印は『おもしろい紙のはなし』（日刊工業新聞社刊）より。

（３）天文台

河合家が三島に住むようになったのは、家伝によれば光仁天皇（七〇九～七八一）の時代からです。関東の暦師として、この地での天体観測と、関八か国への頒暦を命じられたことによります。河合家は、それから約八〇年後に三島で暦をつくりはじめたといわれています。この間に、私費を投じて天文台を造ったものと思われます。

天文台が置かれていた場所というのは、文献上において何か所か認められます。しかし、京都と三島との天体運行差の検証が主な役割であったと考えられるので、観測機器の軸となる渾天《こんてん》儀《ぎ》(1)はほかの機器で間に合わせたと考えられます（日食・月食などの情報は別の方法で得ることができます）。

往時の三島天文台の設備としては、①算木《さんぎ》・算盤《そろばん》、②星図、③日時計、④望遠鏡、⑤大象限儀《だいしょうげんぎ》（子午線追跡）、⑥天球儀、⑦地球儀、⑧圭表《けいひょう》（太陽の南中高度を測る）などが考えられますが、モデル図があれば、③、⑤、⑧は自作していたのかもしれません。ちなみに、三嶋暦師の館の位置は、庭にある方位盤の中心部で、北緯三五度七分一〇秒一、東経一三八度五五分二八秒八となっています（およその計測値）。

(1) ギリシャや古代中国の天文家が工夫創出した球形の天体観測器機。

三嶋暦師の館の庭にある方位盤

3　版木の再利用

一枚の版木は何年くらいをめどに再利用されていたのかを、三嶋暦師の館に展示されている二枚の版木（略本暦[2]）を計測して、その数値から推測してみます。まず、一枚は彫刻前の版木で、計測値は**図表5－4**のようになります。もう一枚は彫刻済みの版木で、計測値は**図表5－5**のようになります。

暦という性質上、版木は年に一回削られます。その一回で削られる厚さはおよそ二ミリです。厚さ二四ミリあった版木に彫りと削りを繰り返し、一〇ミリの厚さまで削ることが可能だったようです（これ以上薄くするとソリなどを生じます）。それからすると、版木を再利用する回数の限度は約六回と計算できます。館に展示されている使用済みの版木は一六ミリの厚さなので、四回（四年分）彫られたということになります。

では、どのくらいの枚数の版木が使用されていたのでしょうか。先にも述べたように、専門技術者集団（木彫印刷の専門家）の力量ならば、版木一枚で二万枚を印刷することは十分可能だったと思われます。そこから考えると、三嶋暦の一年分に必要な版木が八枚（一セット）、版木一枚で印刷可能な枚数が二万枚なので、一年分の印刷部数である一〇万部を刷るためには、版木五

図表５－４　彫刻前版木の計測値

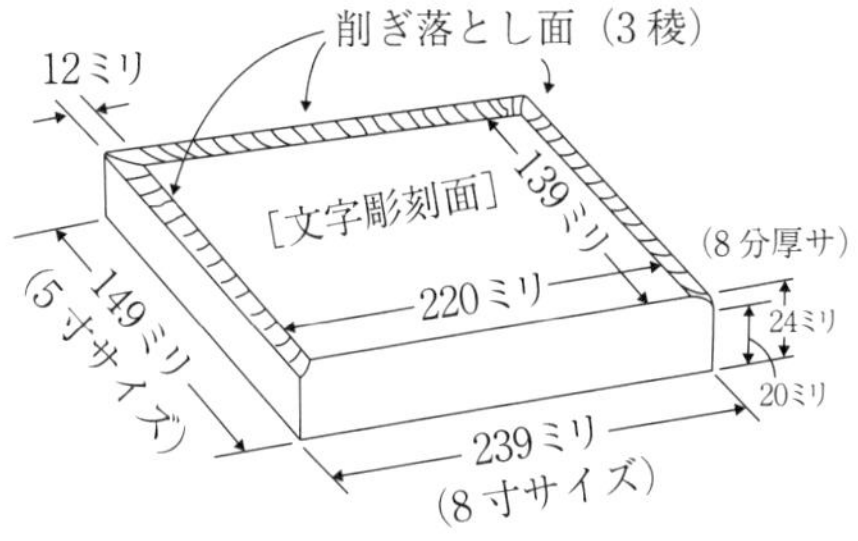

図表５－５　彫刻済版木の計測値

彫刻面
彫りの深さ 0.2～0.4ミリ 深彫部の彫りの深さ 0.8ミリ 罫線の太さ 0.1ミリ 枠取線の太さ 左右２ミリ 上下0.9ミリ
１回当たりの削除の深さ
彫刻文字面 0.5ミリ以下 削ぎ落とし外周 1.5ミリ
版木の厚さと重さ
彫刻前 24ミリ、約600グラム 彫刻済 16ミリ、約400グラム

セット、一年に四〇枚を使用していたことになります。

専門技術者集団の仕事は、材料を調達したのち、天文方の写本暦を基に絵師五名が設計し、それを彫師五名が製作し、最後に刷師一〇名の手によって印刷されて綴暦に整えるというものでした。

実際には、頒暦数や、貞享《じょうきょう》の改暦後には暦本が統一されたことを考えると、元本を入手してからは手分けして同時進行で版刻することができたので、印刷部数の増大が可能であったと思われます。暦の形態は、柱暦をはじめとして三～四種類ありましたが、綴暦以外の版刻・印刷は容易だったと思われます。

（2）本暦（綴暦）から日常生活に関する部分のみ抜き出し、一般の人が使いやすいようにした暦。大きさは、綴暦よりひとまわり程度小さい。八寸暦ともいう。

図表５－６　紙の製法の違い

	中国の紙（唐紙）	日本の紙（和紙）	西洋の紙（洋紙）
初期の生産年代	紀元前300年	７世紀ころ	1200年以降
原料	竹・ワラ・麻・楮などの樹皮繊維	楮・雁皮・三椏などの樹皮繊維	亜麻の樹皮・木綿繊維
繊維の取り出し方	レチング（発酵精錬）と石灰などの蒸煮併用	木灰汁《もくあく》による蒸煮	レチング
繊維分散法	家畜力	人力	水力・風力
完成紙料	繊維の性質を残す	繊維の性質を残す	繊維の形態を変える
製法	常温・溜め漉き	冷水・ネリ使用	温水・溜め漉き
	薄紙	流し漉き・薄紙	厚紙
乾燥法	温熱壁張り	板張り	吊るし
主な用途	毛筆書写	筆写・包む・着る・拭う・防ぐなど広い用途	印刷・ペン書写
加工法	膠湿布	米粉内添・打紙	タブサイズ

４　紙すきなどの関連産業

現代の日本社会には、和紙、洋紙（西洋の紙）、唐紙《とうし》（中国の紙）に加えて機械すき和紙などもあります。**図表５－６**にその違いを示しましたので参照してください。それぞれの紙の主な特性を一言でいうと左記のようになります。

和紙――書写用のほか、包む・防ぐ・拭うなど機能性重視の紙です。紙の表面に塗布物はなく、近年は古文書や文化財の修復素材として用途が広がっています。

図表５－７　世界のパルプの生産高（2012年）　＊その他の国を含む

国名	生産高（千ｔ）	世界で占める割合（％）	国名	生産高（千ｔ）	世界で占める割合（％）
アメリカ合衆国	50,351	27.8	ロシア	7,519	4.1
			インドネシア	6,710	3.7
中国	18,198	10.0	チリ	5,155	2.8
カナダ	17,073	9.4	インド	4,095	2.3
ブラジル	14,076	7.8	ドイツ	2,636	1.5
スウェーデン	11,672	6.4	ポルトガル	2,463	1.4
フィンランド	10,237	5.6	世界合計＊	181,213	100.0
日本	8,642	4.8			

図表５－８　世界の紙類生産と消費　＊その他の国を含む

国名	生産高（千ｔ）			世界で占める割合（％）	一人当たり消費量（kg）
	2010年	2011年	2012年	2012年	2012年
中国	92,720	99,182	102,500	25.6	74.7
アメリカ合衆国	75,878	75,084	74,375	18.6	228.8
日本	27,363	26,609	25,957	6.5	214.6
ドイツ	23,072	22,706	22,630	5.7	242.5
スウェーデン	11,397	11,321	11,417	2.9	208.7
韓国	11,105	11,480	11,333	2.8	187.4
カナダ	12,790	12,100	10,751	2.7	174.3
フィンランド	11,759	11,329	10,694	2.7	207.1
ブラジル	9,978	10,159	10,260	2.6	50.5
インドネシア	9,919	9,983	10,247	2.6	27.5
インド	9,223	9,795	10,242	2.6	9.8
イタリア	9,143	9,117	8,664	2.2	162.0
世界合計＊	394,139	399,167	399,985	100	57.2

日本製紙連合会の資料より筆者作成。
一人当たり消費量＝（生産＋輸入－輸出）÷人口

洋紙――色は人工色が多く、表面に塗布物がある紙が大半で、用途ごとにつくられています。
唐紙――書写適性が重視され、墨の乗りと発色、毛筆の消耗性などが評価の中心となります。

明治三八（一九〇五）年に国定教科書が和紙から洋紙に変わったために和紙の需要は減少し、明治三四（一九〇一）年に約六万八七〇〇戸あった「紙すき業者」は、現在では二〇〇戸ほどになりました。

和紙はその特性から、文化財の修復・民芸品・特定クラフトなどの分野に活路を模索・拡張しています。現代人のわたしたちも和紙に思いを馳せ、日常生活のなかで利用するように心掛けてもいいのではないでしょうか。三嶋大社のすぐ近くにも、和紙の専門店「野々山紙店」があります。ここでは、さまざまな和紙でつくられた一筆箋やはがき箋も販売されています。

5　販売（頒暦）のルート

前章までに述べましたように、江戸時代には河合家が伊豆国と相模国で三嶋暦の頒暦を行い、河合家の手代を務めていたと推測される今井家をはじめとした人たちが相模国大住郡横野村など

図表５－９　明治５年（1872）の地方暦分布図

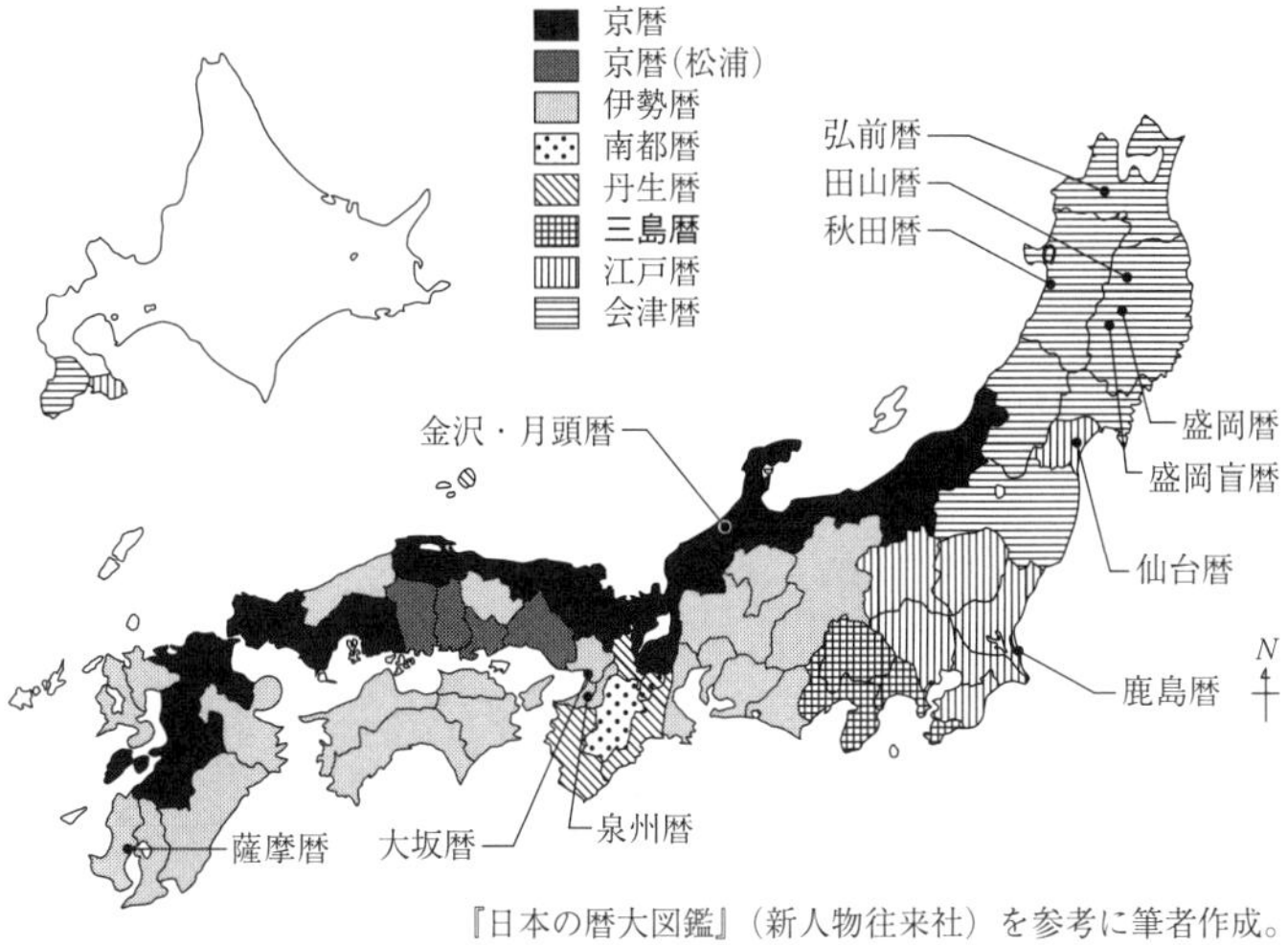

『日本の暦大図鑑』（新人物往来社）を参考に筆者作成。

図表５－10　三嶋暦・相模国の弘暦網

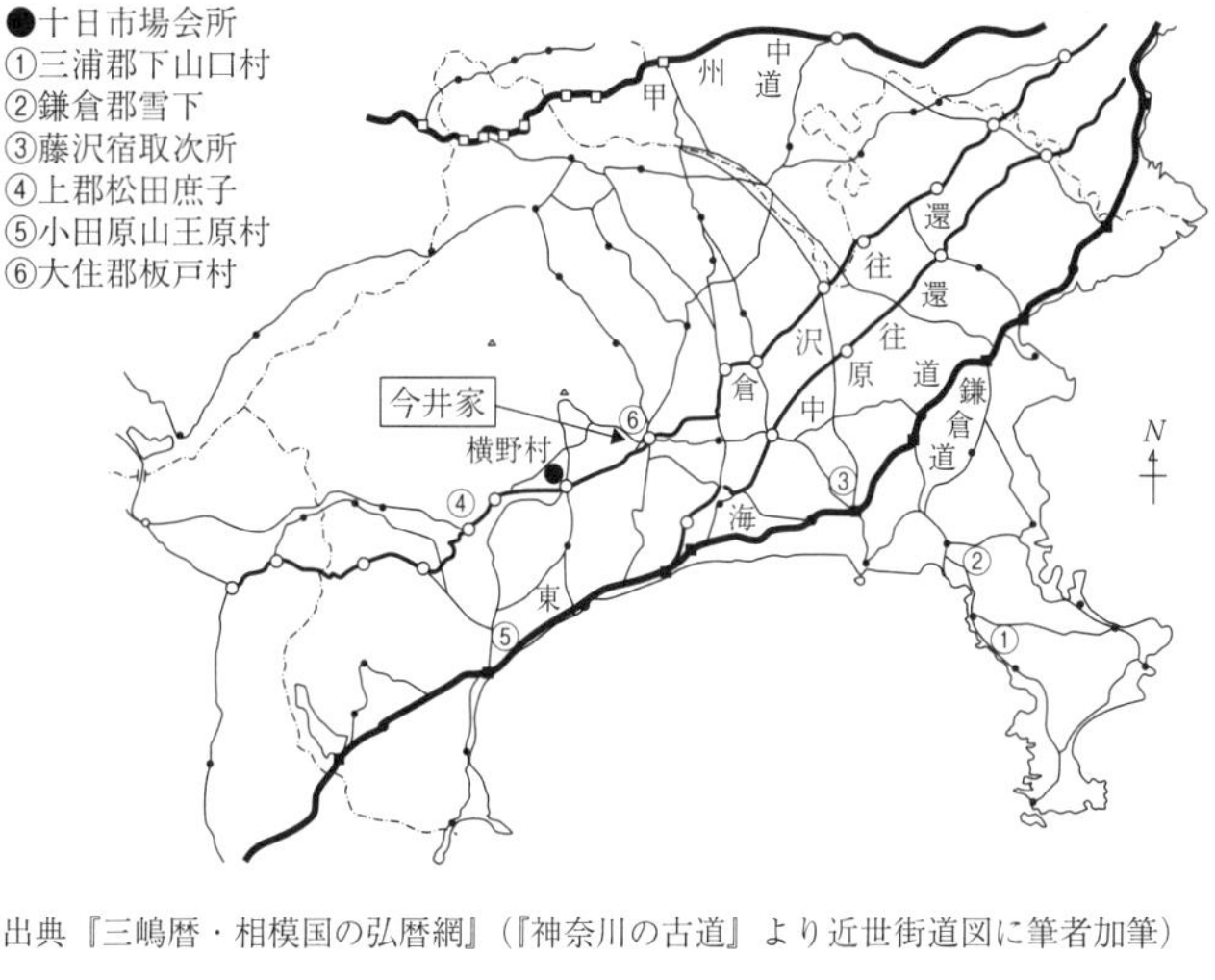

出典『三嶋暦・相模国の弘暦網』（『神奈川の古道』より近世街道図に筆者加筆）

で版行しました。河合家と今井家は、元を辿っていくと同じ一族だったと思われる傍証もあるそうです。

貞享《じょうきょう》の改暦（一六八四年）以前は自家でも作暦をしていましたが、改暦後に諸国の暦本が統一されてからは幕府天文方から写本暦をもらい受けて版刻していました。伊豆国や相模国での頒暦は、元文四（一七三九）年九月付の「三嶋暦、伊豆・相模両国への配布に関する達し」という文書からわかります。

前ページの**図表５－９**に地方暦の分布（明治五年）、**図表５－10**に相模国における三嶋暦の弘暦網（江戸時代）を示しておきましたので参照してください。

第6章 「三嶋暦の会」の発足と活動

1 「三嶋暦の会」の発足

「三嶋暦の会」は、三島市にある「三嶋暦師の館」において、来館者への館内案内を行ったり、旧暦に関係した各種イベントの企画・実施といった活動をボランティアで行っています。会の目的は、活動を通して三島市の誇る文化遺産である「三嶋暦」を広く知ってもらい、後世に伝えていくことです。そして、その結果として、三島市を訪れる観光客が増加し、まちにさらなる賑いが生まれることを期待しています。

会の発足は、平成一六（二〇〇四）年四月、三嶋暦師の館が開館する一年前となります。三嶋暦の会が発足する経過を説明する前に、三嶋暦師の館について簡単に説明しておきます。

「三嶋暦師の館」は、明治一六（一八八三）年まで一〇〇〇年近くにわたって暦を製作・販売していた河合家の建物を寄贈された三島市が開館したものです。それを「小さな博物館」にしようという構想は、三島市郷土資料館の館長を務めていた杉村斉《ひとし》氏が長年にわたって抱いてきたものでした。しかし、杉村館長は志半ばで亡くなられ、この建物を「小さな博物館」にするという構想は、現在、三島市産業振興部長をされている宮崎眞行氏に引き継がれました。

宮崎氏のリーダーシップのもと、「せせらぎ事業」の一環として平成一七（二〇〇五）年に整備され、四月から暦の歴史・文化に親しめる場所として活用できるようになりました。故杉村館長の夢が実現した瞬間です。

三嶋暦の会のほうは、まず平成一六年三月号の「広報みしま」で「三嶋暦の会」発足についての説明会を市役所で開催するという告知を行い、市民へ参加を呼び掛けました。すると、企業を定年退職した人、現役の人、主婦、ご夫婦など多彩な人たちが集まりました。参加したほとんどの人が歴史に興味をもつ人たちでした。このときに集まった二〇名で、三嶋暦の学習をはじめることとなりました。

「三嶋暦の会」の法被《はっぴ》

歴史に興味をもつ参加者でしたが、旧暦や三嶋暦についての知識は浅いものでした。そこで、祖先が暦師であり、市に建物を寄贈した河合龍明氏と、当時の三島市郷土資料館の学芸員である鈴木隆幸氏を講師に迎え、旧暦の特徴や歴史、三嶋暦についての学習を、毎月一回午後七時から九時まで市役所で行うことにしました。

併行して、「会」の体制づくりや館内の案内方法などについても繰り返し話し合いを行っております。時には熱くなり、かんかんがくがく、、、、、、、の議論に発展したこともあります。その結果、会則やルールができあがり、毎月一回の定例会議も行われるようになりました。

見ず知らずの人が集まるということで、お互いを理解し合うための努力もしています。会の発足当初は毎回、その後は半年に一回（一月と七月）の定例会議中に、メンバーそれぞれが自由なテーマで三分間のスピーチを行い、会の結束力を強めていきました。この三分間スピーチは、途切

「三嶋暦の会」の幟《のぼり》

れることなく現在も続いています。

会で所有する暦に関しての参考図書も二〇冊を超えました。会への愛着が高まっていくなか、お揃いの法被《はっぴ》をつくったらどうかという意見が出され、一二着つくっています。現在、イベントのときに会員が着用してアピールしています。さらに、イベントを行うなかで「会の幟《のぼり》も欲しい」ということになって二本の幟をつくり、イベントの開催時には三嶋暦師の館の門で翻《ひるが》えっています（一三二〜一三三ページの写真参照）。

展示物とその説明のプレートもできあがり、博物館としての整備が進むと同時に会の体制も整っていきました。そして、迎えた平成一七年四月二九日、関係者や新聞メディアが多数見守るなか、テープカットが行われて「三嶋暦師の館」は開館しました。それは河合家が三島市へ寄贈してから三年、三嶋暦の会が発足してから一年が経過したときのことでした。

翌年の平成一八（二〇〇六）年に、三嶋暦師の館は「国の登録有形文化財」に指定されました。そのモニュメントは、三嶋暦師の館

「三嶋暦師の館」開館セレモニーでのテープカット

国の登録有形文化財指定モニュメント

の式台横に設置されています。

開館一年目に、「三嶋暦の会なのだから、特徴のある暦をつくって販売したらどうか？」という意見が会員から出されました。その際、「せっかくだから旧暦の三嶋暦と同じようにカレンダーには珍しい縦書きの暦にしては？」という意見が出され、その体裁で試作してみると意外に斬新な感じがしたので、全員一致で縦書きとすることが決定されました。さらに、その名前を『現代版　三嶋暦』とすることにし、毎年暦を発行していく際、最初に決めた体裁は大きく変更しないこととして、表紙の色だけは毎年郷土をイメージする色にしました。

この『現代版　三嶋暦』は、市民および来館者のみなさまから好評をいただき、平成二七（二〇一五年）のもので一〇冊目の発行となり、三〇〇〇部近くが販売されています。

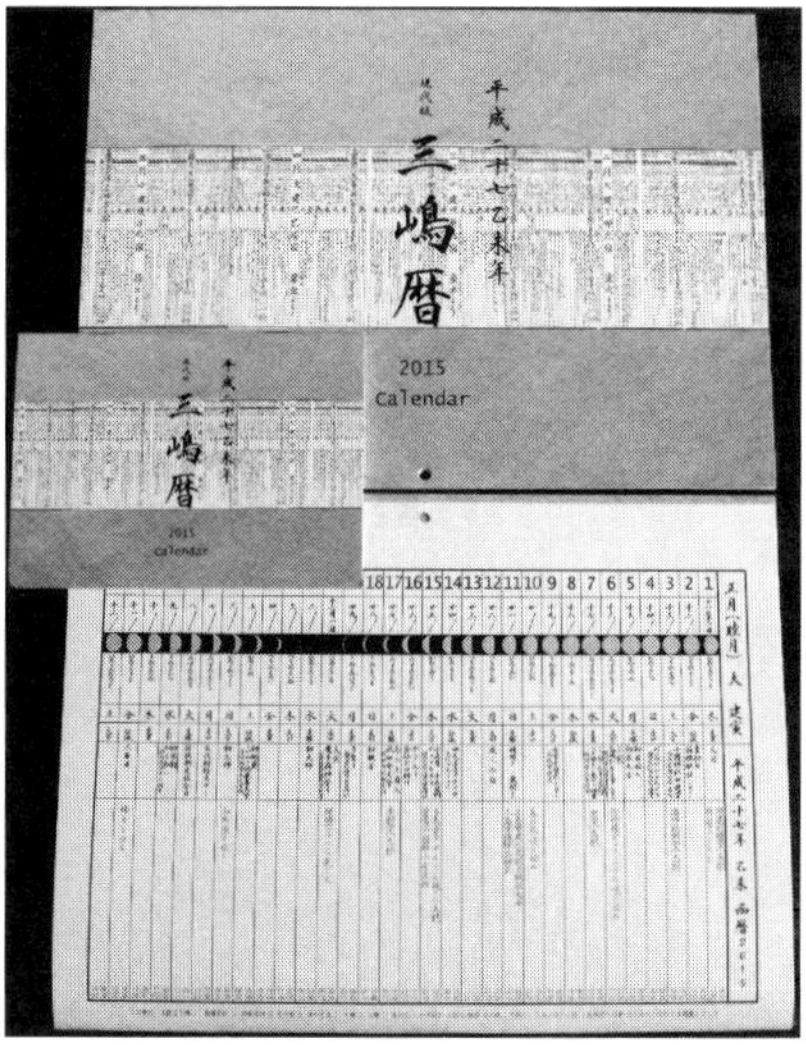

「現代版三嶋暦・2015年」の大と小

2 「三嶋暦の会」の活動

前述したように、「会」の活動は「三島の誇る文化遺産である三嶋暦を広く世の中に知ってもらうとともに、次世代に継承していくこと」を目的として、以下のようなことを実施しています。

・来館者への案内と展示物の説明（入館無料）
・天保一五（一八四四）年の「三嶋暦」の印刷体験指導（無料）
・年六〜九回の旧暦に合わせたイベントの企画と実施

以下では、「一般向けの活動」、「関連商品の販売」、「会員向けの活動」という三つに分けて説明していくことにします。一年を通してさまざまな活動をしていますので、三島に来られる際には立ち寄ってください。

夏休み、三嶋大社で行われる印刷体験

（1）一般向けの活動

旧暦にあわせてのイベントの開催

　これまでに実施したイベントは、上巳の節句、端午の節句、陶芸体験（暦手《こよみで》・三島手の作製）、紙漉《す》き、和綴じ、携帯用日時計づくり、小田原提灯づくりと七夕飾り、仲秋の名月コンサート、三島市内の歴史探訪、古代米と棉づくり、坐禅と呈茶、初午寄席、切り絵、ギター弾き語りとバルーンアート、朗読、活け花展、カレンダー展などです。

　すべて旧暦にあわせて行っていますので、より季節感を感じることができると思います。

外部イベントへの参加

　三島市で行われているイベントにも参加しています。主なものとしては、三島市商工会議所主催の行事、ＪＲウオークのゴール地点でのブース設置、三島市郷土資料館主催

館で開催された切り絵と落語のコラボ（初午寄席）

の行事などで、天保一五年の三嶋暦の版木のレプリカを使った印刷体験の指導（無料）などを行っています。

「三嶋暦」についての出張講演

三島市青年会議所、三島市茶道連盟、三島市寿大学、地域自治会、市内および近隣市町の学校などで、無料の出張講演を行っています。今後、この活動を広げていきたいとも思っておりますので、ご興味をもたれた方は是非ご連絡をくださ い（住所・ＴＥＬは一四四ページ参照）。

三嶋暦に関する講座の開催

不定期でしたが、「暦の会」会長であった故岡田芳朗先生による暦講座を、一般の方を対象として過去に数回開催しました。現在は、会員、三島市郷土資料館学芸員、三嶋大社宝物館学芸員、月光天文台研究主任、郷土史家などによる三嶋暦関連の講座を開催しています。より詳しく知りたい方にとっては最高の場となっています。

三嶋暦の会の会員が師と仰ぐ
故岡田芳朗先生（1930～2014）

算額絵馬の展示

館の軒下に、問題を書いた算額（絵馬）と問題の書かれていない算額を用意し、自分で考えた問題を自由に書いてもらったり、出題されている問題に答えてもらい、正解のものには「明察」を朱文字で記入しています（無料）。江戸時代、寺社で流行していたものです（一一七ページの写真参照）。

結婚式での記念写真撮影

三嶋大社で結婚式を挙げられたカップルが、三嶋暦師の館内で記念写真を撮影するのに協力したり、『現代版　三嶋暦』をご結婚の記念品として差し上げたりしています。これは大好評で、これまでに多くのカップルが利用されています（口絵参照）。

また、毎年年末には翌年のカレンダー各種を展示し、抽選で希望者に差し上げたりしています。

このような活動が知られることによって、テレビ、ラジオ、新聞、雑誌、業界紙などからも取材の問い合わせが多くなってきました。もちろん、これらメディアのインタビューにも会のメンバーが対応しております。

(2) 関連商品の販売

先にも述べましたように、**『現代版　三嶋暦』**を製作し、三嶋暦師の館をはじめとして市内各所で販売しています。大小セットのもので、大が五〇〇円、小が三〇〇円となっています。郵送（送料は購入者負担）も行っておりますので、ご希望の方は三嶋暦の会へご連絡をいただければ幸いです。

このほか、**『三島暦――三島暦で旧暦を読む』**（三島市郷土資料館編）や**ポストカード**（三種類、一枚五〇円）の販売も行っております。『三島暦――三島暦で旧暦を読む』（五〇〇円）は平成二三（二〇一一）年に三島市郷土資料館で開催された企画展の際に作成した図録で、三嶋暦の丁寧な調査と研究を豊富な図版とともにわかりやすくま

大小メタル

三島市郷土資料館編集の冊子『三島暦』

とめたものです。

来館者に人気なのが「**大小メタル**」です。これまでに繰り返し説明をしてきましたが、旧暦はひと月が三〇日の「大の月」と二九日の「小の月」があり、その配列は決まっていませんでした。掛け売りだった江戸時代の商店や寺などで吊るされていた大小の告知板を、小さなメタルにして販売しております（一〇〇〇円）。吊るし方一つで「大」「小」の表示分けができる、遊び心いっぱいのメタルです。

製作をしているのは鎌倉市の「三嶋屋鍛冶工房」ですが、江戸時代、この工房は相模国における三嶋暦の販売店でした。四〇〇年という時間を感じることができるかもしれません。

最後にご紹介するのが「**こよみそ**」です。館の近くに位置する「渡辺商店」で手づくりされた金山寺みそを、一個三〇〇円で販売しています。包装紙として使っているのは、和紙に印刷した天保一五年の暦となっています。クロスワードパズルやはめ字のクイズも同梱されていますので、味覚だけでなく目でも楽しめるようになっています。

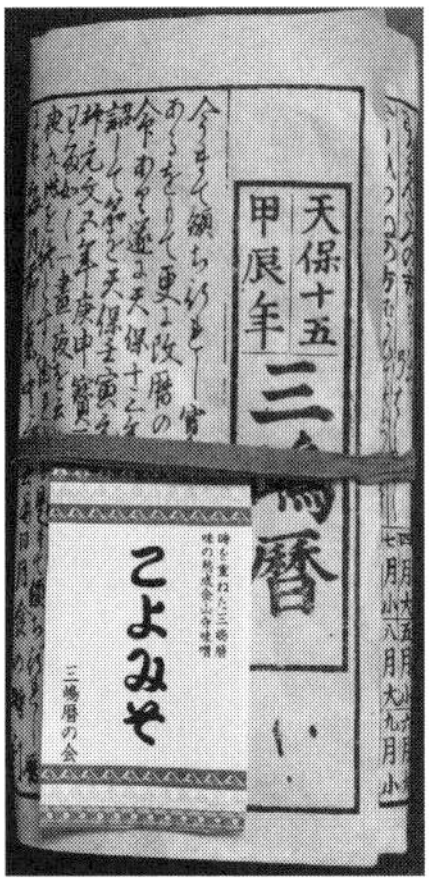

金山寺みそ「こよみそ」

（3）会員向けの活動

これまでに当会は、会員の知識向上のために年一、二回、暦に関連した施設への訪問見学や研修を実施してきました。訪問した施設は、国立博物館（東京・京都・奈良）、江戸東京博物館、印刷博物館、永青文庫[1]、株式会社リコー、静岡新聞社、特種東海製紙株式会社、寒川神社、富士山本宮浅間大社、三嶋大社、月光天文台[2]などがあります。

それ以外にも、「大小メタル」の製作工房「三嶋屋鍛冶工房」や富士宮市の「文具の蔵Rihei」にはたびたび訪れています。というのも、この二軒には三嶋暦の現物が多数保存されているからです。

もちろん、会らしく、市の施設で毎月第二月曜日午後二時から約二時間、定例会議を開催しているほか、毎年一回、五月の定例会議前に定時総会を開催し、前年度活動実績と会計報告、新年度活動計画と予算を発表し、会員の承認を得ています。定時総会後には外部から講師を招へいし、講演なども行っています。また、不定期ですが年に五回ほど、定例会議後に会員による「自由テーマ」講座（約一時間）を実施しているほか、前述したように、一月と七月には会員の三分間スピーチも行っています（**図表6－1**参照）。

「三嶋暦の会」は、「一般社団法人　日本カレンダー暦文化振興協会」（暦文協）へ加盟しておりますので、東京で行われる「暦文協定期総会」に会員を一～二名派遣しています。そのほか、三島茶碗文化振興会、三島宗祇法師の会、ＮＰＯ法人リベラヒューマンサポート、三島市ふるさとガイドの会、ＮＰＯ法人グラウンドワーク三島、月光天文台などの団体と交流を図って三嶋暦の伝承に努めています。

忘年会での会員の記念写真
三島市・松韻にて（2014年12月８日）
私達の跡を継ぐのはあなた

（１）旧熊本藩主である細川家伝来の美術品・歴史資料を収蔵している美術館。ここには、寛文一三（一六七三）年に津田友正がつくった天球儀（重要文化財）が展示されている。住所：東京都文京区目白台１－１－１　TEL：03－3941－0850

（２）天体を観測し、宇宙と地球の神秘を体験する天文台。本館（天文観測所・地学資料館）とプラネタリウム館がある。年二回の「宇宙と天文の講演会」では、宇宙のさまざまな事象をタイムリーに取り上げている。また、観望会、天文教室、世界の暦展なども随時開催。住所：静岡県田方郡函南町桑原１３０８－２２２　TEL：055－979－1428

図表６－１　「三嶋暦の会」の概要（平成27年５月31日現在）

内　容	事　柄
会員数	27名（男性９名、女性18名）
来館者数	年間3,500名前後
累計来館者数	開館時から現在までの累計来館者数は、37,822名となっています。
３グループによる活動	いずれかのグループに全員が所属します。 **企画グループ**：臨時イベント、研修、見学、忘年会、ハイキングなどの企画立案。 **管理グループ**：会のホームページ、ポータルサイトの更新、活動記録類のファイリングなど。 **総務グループ**：行政との連絡、調整および備品、消耗品類の管理、補充。
幹事会その他	５～６名で幹事会を構成（任期２年）。内訳は会長１名、副会長１名、会計１名、幹事２～３名。ほかに事務局１名、監査２名をおいて会を運営しています。
イベントへの対応	会員全員がいずれかのイベントチームに所属します。イベントリーダーとサブリーダーを選出し、「広報みしま」への掲載、チラシの配布、ポスター掲示にて市内、近隣市町にお知らせしています。

三嶋暦師の館
〒411-0035　三島市大宮町２－５－17
TEL／FAX 055-976-3088

三嶋暦の会
〒411-0035　三島市大宮町２－５－16
TEL 055-971-3176
（www.geocities.jp/mishimagoyomi/）常時会員募集を行っています。

第７章　座談会――暮らしと暦

日時：平成二六（二〇一四）年七月一四日（月）
場所：三島市民活動センター四階
出席者（三嶋暦の会会員・あいうえお順）
飯田克江、井上順之、河合龍明、久保田松幸、後藤栄子、鈴木美知子、高橋あつ子、田村和幸、西川勝美、日吉千賀子、山形克衛、
司会：鈴木達子

およそ一二七〇年もの長い間使われてきた旧暦は、明治の改暦とともに次第に忘れられようとしています。日本各地で行われている祭りや行事、そしてそこで使われている言葉もみんな旧暦時代にできたもので、月と深い関わりをもっていました。

人びとは動植物から季節を知り、月から日にちを知り、暦からその日に何をしたらいいのかということを知りました。新暦になってすでに一四〇年あまりが経った今、旧暦のことはすっかり

忘れ去られてしまったのでしょうか。それとも、どこかで人びとの生活に活かされているのでしょうか。出席者（三嶋暦の会会員）にそれぞれの生活を振り返ってもらいながら、話をしてもらいました。

鈴木達子（司会）

お盆は三回ある

司　会　お盆の季節です。お墓参りを済ませた方はいますか？

鈴　木　私は実家が東京で、お盆は七月一三日からです。今年も小平霊園に行ってきました。車も大変な混みようでした。子どものころから疑問に思っていたのは、どうして七月にお墓参りする人と、八月にお墓参りする人がいるのかということでした。叔母に聞いたことがあります。お盆は今の暦では七月の一三日から一五日になるけれど、旧暦だと八月一三日から一五日になるんだからどちらでもいいんじゃない、ということでした。就職や結婚で東京に出てきた人は、東京では七月にお墓参りして、八月の盆休みのときにはふるさとに帰省して実家のお墓参りをする、という人が多いのではないでしょうか。

久保田　三島ではね、八月盆もあれば七月もあり、七月三一日から八月二日という所もあるんですよ。
鈴　木　小平霊園では、お盆のお墓参りのほとんどは七月だそうです。これは新暦のお盆ということですね。
日　吉　沼津は七月と八月にあります。町場は七月が多くて、在《ざい》(1)では八月となっています。
飯　田　私は七月に三島でお盆をして、八月に福岡県の遠賀《おんが》郡の実家へ帰って、父や母のお盆をします。
後　藤　私は横浜で生まれ育ったので、お盆というものは七月だと思い込んでいました。中学生のときに修善寺（伊豆市）へ引っ越してきたのですが、そこでは晦日《みそか》盆です。旧暦でもないので驚きました。
久保田　明治の改暦から変わったんですよね。それまでは、どこでも旧暦の七月にやってたんです。伊豆半島では、お盆が大きく三つに分けられます。七月盆は七月一三日から一五日まで、晦日盆は七月三一日から八月二日まで、月遅れの盆は八月一三日から一五日までを中心に行って

（1）いなか。多くは都市の周辺をいう言葉。

鈴木美知子

いるようです。月遅れというけれど、八月の盆は旧暦のかたちを残している盆なんです。今、私の住んでいる所（三島市）は、この時期にゴミを出しに行くとお盆に供えたものがひと夏に三回出ます。

後　藤　お盆が三回あるということで、檀家さんの地域に合わせてお坊さんはお経を上げに行きますが、七月一三日に行く所と晦日に行く所、そして八月一三日に行く所と三回もあって面白いですよね。

久保田　お盆にはキュウリの馬やナスの牛をお供えしますが、昔はそれが八月じゃないと採れなかったんです。

鈴　木　今はハウス栽培だから、いつでも採れますね。

飯　田　福岡では、お盆に馬とか牛はお供えしませんでした。こちらに来て「何？」と思ったんですが、ご先祖様に早く来ていただくように馬を供え、ゆっくり帰っていただくように牛を供えると聞きました。福岡では縁側に水桶を置いて、萩でご先祖さまに足を洗っていただくようにしています。萩の花やホオズキも供えます。萩の花が咲くのは八月中旬ですし、ホオズキも真っ赤になるのは八月ですから、八月でないとダメなのです。

飯田克江

西　川　浅草の「ほおずき市」は七月九日ですね。旧暦で行っていた行事をそのまま新暦にもってきたのだと思いますが、それがお盆に供えるホオズキの話につながるんじゃないでしょうか。

河　合　旧暦の七月（新暦の八月）にお盆をやる理由というのは、農作業がひと段落するからです。

西　川　今は新暦でやる所と旧暦でやる所の二つがあるようですが、企業、会社などもお盆休みは八月ですよね。東北のお祭りも旧暦のお盆である八月に入ってからです。こういうことからいっても、八月のほうが本当のお盆のように感じてしまうのですが……。

田　村　八月のほうが心に染みついているものがありますね。

河　合　さっきもいったけど、農閑期なんですよね。

日　吉　それと、七月一三日では、まだ梅雨も明けていないでしょう？

後　藤　五節句なんかも旧暦でやらないと、そのときのお花も食べ物もないですよ。お月見もそうですが、苦労します。

飯　田　そうですね、上巳の節句（雛祭り）では桃の花がない。逆に旧暦でやると、今度はお店に桃の花がない。

日吉千賀子

花屋さんが新暦にあわせて仕入れているからなのです。だから私は、農家の軒先でもらってくるんです。

後　藤　旧暦ってすごいと思いますね。ホタルブクロなんかはゲンジボタルのころにちゃんと出てきますよね。経験則っていうか、そういうものですよね。

鈴　木　私はお盆初日の夕方に迎え火を焚いて、お盆が終わってから送り火を焚いています。これは、旧暦、新暦とは関係なく行いますね。

司　会　私のところでは、お坊さんの方針と聞いていますが、迎え火・送り火は焚かなくなりました。ごく最近のことで、残念でなりません。

お祭りは休日に

高　橋　大場《だいば》地区（三島市の南部）では、七月に入ると、まず大場神社の境内社である八坂神社の祭典があります。「お天王さん」で、以前は七月六日と決まっていたのですが、神輿《みこし》の担ぎ手が休みをとれなかったりで、第一土曜日に変わりました。厄病を払い、五穀豊穣を願うための勇ましい裸祭りで、待っている各家ではバケツに水を用意し、神輿の担ぎ手はその水をかけられながら町内を練り歩きます。

七月一五、一六日は大場神社の祭典でしたが、これも担ぎ手や参加する人の都合で第三土・日曜日に変わっています。もっとも、神事だけは三嶋大社から神官さんが来て一五日に行っています。

井　上　私の育った東京・麹町には山王《さんのう》日枝《ひえ》神社があります。江戸三大祭の一つである例大祭は、毎年新暦の六月一五日に決まっています。どうしてこの日に決まったのかはわかりませんが、由緒ある神社なのに新暦で行っています。旧暦との兼ね合いは考えていないのかと不思議に思っていますので、今度、その理由を調べたいと思っています。ちなみに、神田明神の大祭は五月です。当初、旧暦の九月一五日に行われていましたが、新暦に変わったときにそのまま九月一五日になったようですが、台風の季節ということで五月一五日になったということです。新暦の変形なのでしょうか。

司　会　三社祭《さんじゃまつり》はどうなのでしょうか?

井　上　今は新暦でしょう。

田　村　三社祭では、旧暦派の元地主連が別に旧暦でやっているという話を聞きます。

井　上　浅草神社の由緒によると、隅田川から観音像が発見された旧暦の三月一八日だったものが、明治になって

井上順之

新暦の五月一七、一八日になったようです。

河　合　三嶋大社のお祭りは新暦の八月でやりますよね。

井　上　神社そのものがどういうふうに思っているのかな、とは思いますね。

西　川　お祭りというのは、月の中ごろ、一五日とか一六日にやるから旧暦では満月ですよね。でも新暦では、満月とはかぎらないので残念ですね。

西川勝美

三島の七十二候づくり

司　会　旧暦の重要な要素に七十二候（一二ページ参照）があります。二十四節気をさらに三つに分けて季節感を味わうものですが、しばしば、現実に合わないというようないわれ方をされます。

田　村　七十二候というのは、大半が科学的には事実ではないといいます。でも、たとえば「腐《ふ》草《そう》蛍となる」や「田鼠《でんそ》化《か》して鶉《うずら》となる」などを、今でも佐野（三島市の北部）のご老人たちは俳句に織り込んでいます。

司　会　季語として使われているわけですね。

田　村　「腐草蛍になる」というのは、枯れ草が光を放っているように感じる様子を蛍といったのでしょう。七十二候では、科学的な話は捨てて、目に見える風景でものを感じようじゃないか、というふうに楽しむところがいいのではないでしょうか。

司　会　暦の会でも「三島の七十二候」をつくろうという話が以前からもちあがっていますが、どのようにして決めるのですか？

西　川　「三嶋暦の会の七十二候」をまとめてみたいと思いましたが、年によって同じものでも見られる日が違います。静岡地方気象台は、敷地内の同じ木を同じように見て決めるから確かなんでしょうけれど、素人が見ると、木の種類によっては一か月くらい違ってしまうんです。梅の花にしても、一月に咲く年と二月に咲いてしまった年があったりします。だから、七十二候を決めるというのは、簡単に結び付けられるものではなく、結構難しい作業なのです。

田　村　一年を七二に分割して、このときにこういうことが起こるはず、とするとそうなりますね。もう少し時間的な幅をとって七十二候をつくるとよいのではないでしょうか。

司　会　私は、「雷が鳴る」と書かれていた日に実際に雷が鳴ったのを経験したとき、「すごいな、こんなこともあるんだな」と思いました。そのとき、初めて七十二候を意識しました。だからといって、毎年そうである必要はない気もします。違っていることを、その年の記憶として残すのでもよいのではないでしょうか。

河　合　今年のハンゲショウ（半夏生）はどうでしたか。咲くのが早かったですよね？

田　村　二週間くらい早い時期に見ました。ハンゲショウはドクダミ科です。サトイモ科のカラスビシャク（烏柄杓）も通常ハンゲショウと呼ばれるので、注意が必要です。

西　川　『現代版　三嶋暦』では、七月二日が半夏生ですね。その日に僕は、伊豆長岡駅（伊豆箱根鉄道駿豆《すんず》線）の近くの民家で確認しました。

久保田　いくらか日にちが違っても、それが書いてあるということに意味があるんじゃないかな。咲いてなかったじゃないかっていわれたら、そういうこともあるというほかないよ。そもそも、明治と現在では気候も相当変わっているんだからね。

西　川　この七十二候については、会の何人かでずっと調

ハンゲショウ

べているので、ある程度のデータは残っています。ただ、どういうふうにして調べたのか、ということもありますので、全会員で考えて三嶋暦の会の七十二候というものを決めていかなきゃいけないと思いますね。

田　村　三嶋暦師の館から一・五キロ圏内とか、どこかで基準点を決めておいたほうがいいですね。

久保田　『現代版　三嶋暦』に「泰山木咲く」はありますか?

西　川　あります。二〇一四年の『現代版　三嶋暦』では、泰山木の見ごろは六月六日になっています。印刷などの関係で、この七十二候は一昨年（二〇一二年）のデータとなります。

河　合　今日はクマゼミが鳴いていました。例年と比べて鳴くのは早いですか?

久保田　クマゼミが鳴く時期は年々早くなっています。そもそも関東では鳴かなかったものが、近年では鳴くようになっています。

田　村　気候の温暖化と森林の帯状化などにより、海岸地方を中心に北上しているようです。センダン、サクラ、ミカンなどによく集まり、とくにセンダンの分布と関係が深いようです。

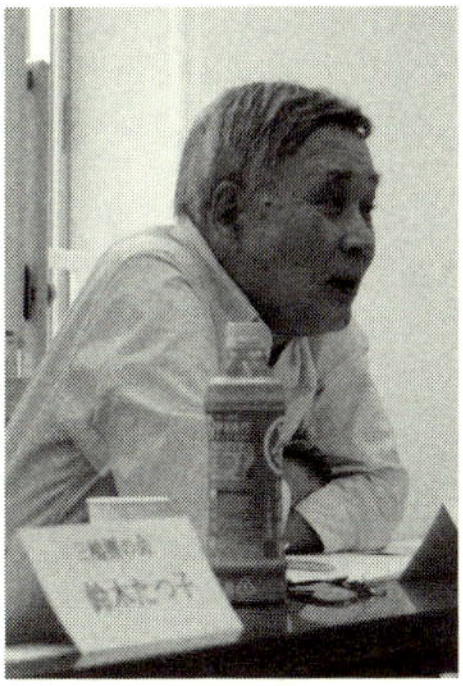

河合龍明

飯　田　福岡では鳴き方が違っていて、最初にアクセントがあるようです。

山　形　私はこの何年か畑をやっているのですが、この辺りでは「コブシの花が咲くまでにジャガイモを植えとけ」といいます。広島の友人にこの話をメールで伝えたら、「そんなこといったらジャガイモが腐っちゃうよ」という返事がありました。七十二候というのは、地方暦がそれぞれでつくっていたんですかね？

田　村　つくっていました。

山　形　日本各地の七十二候というのはあまり見たことがありませんが、日本列島は長いですからね。

西　川　岡田芳朗先生がつくった「暦の会の七十二候」は、日本列島を北と中と南と三地域に分けて三通りのものをつくっていますね。

山　形　たとえば、気象庁が桜前線に日にちを入れて発表していますよね。同じ花が咲く時期でもあれだけの違いがあるくらい日本は南北に長いんです。

山形克衛

稲作にも工夫あり

田　村　小学生のころから成田空港の近くに一〇年余り住んでいましたが、そこでは稲虫講《いなむしこう》(2)というのがあって、稲の収穫がはじまる前に藁苞《わらづと》（納豆の苞のようなもの）の中におはぎや大福餅を入れて、田んぼの畦《あぜ》に竹竿《たけざお》などで吊るすんです。子どものころは、畦道を伝ってそれを食べに行くということがすごく楽しみでした。

その後三島に来たんですが、佐野で旧暦のお盆をやっているお宅の田んぼに、稲虫講で使う藁苞が吊り下げられているのを見たんです。そこでは、村と村の境界に境界木が植えられていました。代表的なのがニレの木（春ニレと秋ニレがある）とリョウブ(3)で、春ニレは春に、秋ニレは秋に花が咲いて、畝立《うねた》ての開始時期を教えてくれま

（2）稲虫とは稲につく害虫の総称。稲虫講は稲虫送りという地域が多いが、害虫を追い払う呪術的行事。松明《たいまつ》をともしたり、鐘や太鼓を叩いてはやしたて村境まで送る。

（3）リョウブ科の落葉小高木。若葉は山菜とされる。飢饉のときの救荒植物として利用された。古名はハタツモリといい、「畑つ守」などの字が当てられている。

田村和幸

す。リョウブの木が植えてあるのは、春にわいてくる虫に葉を食べさせることによって稲やそのほかの農作物に害を及ぼさせないためだそうです。

　山中湖周辺（山梨県）にも稲虫講や境界木がありました。別荘族以外は旧家なので、村の行事は旧暦でやっています。使われているのは暦（旧暦）が多かった。カレンダー（新暦）は、食事をとる部屋に掛けてあるだけでした。畑も田んぼも民家の敷地内にあるという所です。三島や千葉の一部地域、山中湖の周辺、こういう所が旧暦を守り、風土文化を意固地なまでに残しています。

久保田　本書のなかでも触れていますが、三島には「三島竹枝《ちくし》」という漢詩があります（一九五ページ参照）。そのなかに、「暦が変わったために種まき苗を植える大事なときは年老いた熟練な農夫に教えを乞わなくてはならない」という意味の詩があるのです。三島に「暦門《こみかど》」という通称だけが残って、農事の指標がなくなってしまったんです（一一八ページ、一九六ページ参照）。旧暦から新暦に変わったときはみんな困ったでしょうね。

西　川　農家が稲作をするうえで、旧暦と関係のある行事や仕事というものはないんですか？

高　橋　今、大場地区では田んぼに水が入るのが六月一日と決まっているので、そこから逆算し

高橋あつ子

て作業の日取りを決めています。田植えの二〇日前に種まきをして苗を育てたりと、旧暦とは関係のないやり方でやっています。

山　形　水を流す前に川の掃除をします。それが済んでから流すのです。

久保田　二年くらい前、実際に見たんだけれど、伊豆半島の千枚田の水入れは旧暦で決められていました。

田　村　大規模な棚田の地域は、高低差で約五〇メートルごとにまく時期をずらすそうです。水路を迂回させるので水温が違ってきます。そのころから、土地に合う品種を開発するということをやっていたと思います。その代表となるのが茶畑、それ以外にも柑橘類の栽培に表れていると思います。

久保田　三嶋大社の古い資料によると、最初、三嶋大社は水をどうするかで工夫したようです。三島は水が出るけれども、富士山の湧水なので冷たいんです。それを温めるために浅く広い水路にして時間をかけて流しています。

飯　田　中郷《なかざと》温水池もそうですね。

久保田　すじかい橋などもそうですね。もともとは陸稲《おかぼ》をつくっていましたが、陸稲は何度も収穫できないんです。そこで、三嶋大社では水稲を教えはじめました。水稲をはじめると共同体をつくらねばならなくなる。そうすると、暦が必要になってきます。このような順序で暦ができていったと思いますね。

司　会　何か特別な暦をつくったということですか？

田　村　農業暦があるんです。かつては、函南町（三島市の南に隣接する町）の役場で分けてもらえました。暦には農業暦や漁業暦などいくつかあって、三島でも四種類くらいはありました。

六曜について

司　会　今の暦には先勝《せんかち》・友引《ともびき》・先負《せんまけ》・仏滅《ぶつめつ》・大安《たいあん》・赤口《しゃっく》の「六曜」が書かれていますが、みなさん何か気にしていますか？

全　員　多少は。

田　村　東京の冠婚葬祭業者の話では、六曜は従業員が休日をとるためのもの以外ではないそうです。

西　川　最近の若い人のなかには、大安の日に式場を押さえるのが大変だから仏滅でもいいや、という人も多いそうですね。

後　藤　お天気がよい休日なら、仏滅であろうとなんであろうとよい日だという感覚はありますね。

日吉　でも、葬儀だけは友引にはやらないですよね。

後藤　お寺関係の親戚では友引の日に法事をやります。お葬式が絶対にないからです。

田村　六曜についてお寺側は「そんなの迷信なんだから」ということで、とくにこだわる理由はないんでしょうけれど、やはり葬儀社や遺族の方々が友引をいやがるんでしょうね。占いのなかで、六曜だけはどれともつながりがないんですよね。

山形　六曜は賭博《とばく》の言葉ですよね。友引は、「共引」と書いて引き分けのことです。仏滅の「ぶつ」はもともと「仏」ではなく「物」だったようです。それが「仏」に変わったのは、「物滅」ではすってんてんになるみたいでいやだったという博徒たちの縁起担ぎだと思われます。

河合　明治政府は迷信を禁止しました。そこでお化け暦(4)が出て、六曜を掲載するようになったんです。

山形　六曜は、昭和二〇（一九四五）年に爆発的人気を博したといわれます。昭和三四（一九五九）年四月一〇

（4）明治の改暦以降、政府が禁止した迷信的な吉凶判断などを記載した、民間で違法に発行された暦のこと。発行人や発行所を隠すために記載がなかったので「お化け暦」と呼ばれたが、旧暦時代の暦を使い慣れていた国民にはなくてはならなかった。

後藤栄子

日は、明仁皇太子殿下と正田美智子さんのご成婚の日だったのですが、大安だったんですね。それで、大安に結婚というのが大ブレークしたんですよ。でも、昭和天皇や大正天皇、明治天皇は大安に結婚式を挙行したとはいわれていません。大安に結婚式というのは、意外と歴史が浅い話なんですね。

田　村　中国では六曜に根拠がないということで、文書上から消してしまったそうです。中国から来た六曜の風習が発祥の地から消えてしまい、現在の日本に残っているということです。

河　合　三嶋暦の会の元会員がいっていましたが、法務局のカレンダーには六曜は記載されていないそうです。日にちを差別化することはない、という説明でした。

田　村　そういいながら、六曜の記載がない日記帳や手帳の類いは非常に少ないです。

河　合　平成一四（二〇〇二）年には、元日が仏滅でしたね。

後　藤　私の母は六曜とまったく関係なく、全部二十八宿でやっていました。

西　川　ちなみに、今日は大安で、二十八宿（三四ページ参照）は心宿です。

久保田松幸

商業主義と暦

司　会　商業主義のなかで、暦にも新しい行事がつくられていると思います。たとえば、恵方巻なんかはそういえませんか。

久保田　恵方巻は海苔屋がはじめたのでしょう。土用の丑の日にウナギを食べる習慣だって、江戸時代に平賀源内が「土用の丑の日」というコピーをつくって流行させたからというのは有名な話です。

飯　田　子どものころ、お正月に歳徳様《としとく》があって、みんな並んで挨拶をして、ミカンや干し柿とかを一個ずつもらってきました。あとはお雑煮ですね。恵方巻というのは、こちらに来てから知りました。恵方を向いて太巻き寿司を食べる風習ですか。

久保田　別に、この辺りの風習でもなんでもないんですよ。小さいころに恵方巻を食べる習慣のあった人はいますか？

全　員　ない、ない！

後　藤　これは関西のほうで起こったもので、久保田さんがさっきおっしゃったように、お寿司屋さんとか海苔屋さんとかの営業戦略だったと思います。

久保田　母方の祖母は何でもかんでもやる人なんだけれど、恵方巻は知らなかったですよ。

司会　大阪ではそういう習慣があったようですが、それほど大々的ではなかったようですね。今では全国的に広がっていますが、違和感を覚えます。

河合　昭和五三（一九七八）年に関西の海苔屋と寿司屋が考えたということを何かで読んだことがあります。

山形　コンビニエンスストアがからんでいるともいわれていますね。

鈴木　恵方巻は一気に食べなきゃいけないんです。無理に食べると喉に詰まっちゃう。逆に、体に悪いですよね。

久保田　僕みたいな上品な人はだめだ。（笑）

司会　春の土用をやろうというところも出てきたようですが、みなさん聞いたことがありますか？

山形　三島市では、冬の「土用の丑の日」というのをイベントにしようとしています。

司会　夏の土用にウナギを食べるというのは、まったくのつくりごとでもなくて五行の相剋の考え方に基づいているようです。火性の夏から金性の秋に向かうのだから、五行でいうと互いに殺し合う相剋になる。それが夏バテの季節と一致して、体力をつけるのにウナギを食べることになったといいます。冬の土用の丑の日のイベントは、ウナギを食べるというようなものであってほしくないですね。

旧暦での誕生日

鈴　木　誕生日を旧暦で祝ってみたらどうかな、って思うんです。実は、韓国の友達が家族で日本に住んでいます。ご主人は学校の先生をされています。夫婦の間ではお互いの誕生日を旧暦で祝うそうですが、日本の友達とは新暦でお祝いをし、ファミリーとは旧暦で祝うということのようです。でも、お子さんたちは基本的に新暦だそうです。

四十代以上の人たちは、今でも誕生日を旧暦で祝う人が多いようです。そういう人たちは、自分の誕生日は戸籍に載っている新暦の生年月日ではなく、旧暦の誕生日だと思っています。パブリックには新暦の年齢をいい、プライベートでは旧暦の誕生日にあわせた年齢をいうそうです。

日　吉　韓国では、それで通っているのでしょう？

久保田　韓国は旧暦だから、うっかりしていると間違っちゃう。

鈴　木　友人は正月も旧暦だから、一月一日でなく旧正月で祝っています。でも、日本に住んでいる間は、旧暦と新暦をミックスして生活しているようです。彼女は一年に二回お誕生日を祝えるということなんで、私もそうしようかなって考えているところです。

司　会　一年に二つ歳をとることになりそうですが……。（笑）

田　村　旧暦も新暦もそれだけのことで、事実上、何も困ることはないんだということのようですね。根本のところでは違うんですけど。

久保田　一九九二年に、ある代表団の団長として江蘇省《こうそしょう》へ行ったのですが、そのときの人たちとの付き合いが今でもあって、彼らから年賀状が来るんですが、それが旧暦で来ます。韓国の友人も旧暦で寄こします。だから、二つの暦をもっているようなものですよ。でも、なんの矛盾も感じていない。政府のやることと貿易は新暦だけど、あとは旧暦なんです。

鈴　木　（韓国の）地方では、現在も旧暦が優先的に使われているということです。農業や漁業を営んでいる人たちは、季節の変化や潮の変化を知るには旧暦のほうがわかりやすく、便利だからです。それと、旧暦で占う占い師がいると聞いたことがあります。旧暦と新暦では、運命もずいぶんと変わってしまうのかしら。

司　会　それは面白そうですね。ところで、数え年というのはどうでしょうか、若い人たちには理解しにくいかもしれませんね。

西　川　今は日本では満年齢ですけど、戦前は数え年でした。

飯　田　勤務先からもらっていた手帳には、確か二つの年齢が書いてあったように記憶しています。数え年と満年齢です。

田　村　今でも両方が載っているものはありますよ。

日　吉　子どものころ、「満」という言い方と「数え」という言い方があることに何なんだろうと思っていたのですが、母なんかは数えで祝っていましたね。七五三なんかもそうです。

鈴　木　主人の父が亡くなったときはそうでした。満七九歳で亡くなったんですが、戒名には八〇歳と書いてあります。

田　村　小学校に入ったとき、今日から満年齢でかぞえますといわれ、年齢が一つ減って混乱した記憶があります。戦後、変わったんですね。

鈴　木　韓国では今でも年齢は数え年でいうのが一般的のようです。こんなことがあったそうです。友人のご主人が、日本の学校に初めて勤めたときに新暦で誕生日を登録しました。その際に年齢（数え年）も書いたのだと思いますが、その年齢が日本人から見て一歳違っていた。日本人の先生たちからどうして違うのか聞かれ、いろいろ説明したそうです。数え年は、生まれたときにはすでに一歳、理由は、お母さんのお腹に子どもができたときから数えるから。つまり、お腹にいる期間の三百何日かを足すからですと。韓国では、今も数え年が根強く使われているということです。

山　形　数え年というのは生まれた年が一歳で、お正月が来るごとに一つ年をとるでしょ。だから一二月三一日に生まれた人は、次の日には二歳になっちゃう。それをはじめたのは明治になってからだそうです。なぜかといえば、徴兵制で早く兵隊に取るためだったみたいです。生まれたとき一歳というのは、昔はゼロという考え方がなかったからでしょう。

井　上　今、「数えで」なんていう人はいないでしょう?

司　会　厄年は数え年でかぞえますね。あと、福豆も数え年でかぞえています。

田　村　お寺では数え年です。

誕生の神秘

鈴　木　ただ旧暦を勉強するだけでなく、旧暦での自分の誕生日を知って、旧暦をより身近に感じるのも楽しいのではないでしょうか。

山　形　旧暦の日にちを覚えていれば、自分の誕生日にはどういう月のかたちなのかがわかりますね。

司　会　その日の六曜も知ることができます。

西　川　自分の誕生日が旧暦の何日だったか調べたことありますか?

飯　田　私は毎朝ホワイトボードに、その日の日付けを新暦と旧暦二つ並べて書いています。自分の誕生日が二回あることを見つけたときは、不思議な感じがしましたね。

西　川　人が生まれるのは満月などの大潮の日が多いのではないかと思うのですが、そういうこともわかって面白いかなと思います。

高　橋　娘が平成二六（二〇一四）年六月二八日の朝六時五二分に出産しました。旧暦で調べたら六月二日で大潮の時期でした。出産は、新月でも満月でも大潮のときに多いそうですね。

久保田　地球との関係では、新月も満月と同じ効果をもっているんでしょうね。

高　橋　無農薬で野菜を栽培している農家の記事で、大潮のときに害虫の発生が集中しているので、農薬を撒くのも大潮の最後の日から三日間のうちにやると量も少なくて済むし、計画も立てられるので、仕事に余裕ができたということでした。人間もそのほかの動植物も、誕生は月の満ち欠けと関係があるのかなと思いました。

西　川　やはりあると思いますね。

時代劇の日にちは旧暦？

久保田　時代劇は旧暦ですか、それとも新暦ですか？

西　川　旧暦じゃないでしょうか。時代劇ではないけれど、『金色夜叉』は一月一七日です。旧暦だから、「今月今夜のこの月を」という台詞になります。

久保田　忠臣蔵で、一二月一四日に吉良邸へ討ち入りするのも満月だからです。

田　村　野村胡堂《こどう》の『銭形平次捕物控』に出てくる、がらっぱちの八五郎のような連中が読み書きを習うのに、暦で言葉を覚えたとしか思えない記述が何か所かあるんですね。

久保田　江戸の下町では、寺子屋で平仮名を教えていました。一方、武士は漢字で読み書きをしていました。

田　村　銭形平次の子分などは、簡単な文章が読めないと務まらなかったでしょうね。でもそのときに、彼らが寺子屋に通っていたという形跡がありません。経済的にもそういうゆとりはないだろうし、あんがい暦が一番身近な教科書だったのかなと思います。

西　川　江戸では、寺子屋があったおかげで識字率は八割くらいあったそうです。そういうことから考えると、絵暦が江戸時代後期に出ましたが、文字を読めない人たち向けにつくったという話とうまくかみ合わないんですよね。

司　会　京都の医者である橘南谿《たちばななんけい》（一〇八ページ参照）は、南部地方へ旅行をしたときに絵暦を見て、文字を読めない人たちのためにつくられているのだと思ったそうです。でも、絵暦には文字の暦にないとんちが効いていて、思わず笑えるような楽しいものだったのです。それで京都に持ち帰って流行《はや》らせたりしています。

新暦への移行

司　会　日本では、明治六（一八七三）年の改暦ですんなりとグレゴリオ暦に移行できたのでしょうか？

久保田　それはすんなりとはいかなかったと思いますね。

西　川　簡単に太陽暦に変わったと思われているようですけど、実際には、全国各地で昭和二〇年代ころまで旧暦でいろんな行事をやっていました。そう考えたら、国民としては、すんなりとは太陽暦を受け入れていなかったのではないかと思うんですけどね。

後　藤　実は、今の三島市民は三嶋暦（旧暦）というものをあまり知らないんです。三嶋暦の会が主催をしていろんな勉強会をやっていますけど、市民に旧暦を知ってもらうという努力が足りないのではないかと思います。商工観光課とか郷土資料館とタイアップして、市の事業として三嶋暦の勉強ということを社会教育の一環でやってもらえたら、もっと知られるようになるのではないかと思っています。そういう努力も必要ではないでしょうか。

田　村　三嶋暦を知らないのではなく、和暦そのものを知らないんですよ。若い人たちのなかで、暦の存在価値は高くないのでしょう。旧暦で誕生日を祝うとか、七十二候は日本では三つあって、それは諸現象と結び付いているとかを知ったうえで、暦家が何代目というところまで興味をもってもらうことは並大抵ではないでしょう。それがなければ生きられないという訳じゃないですから。でも、旧暦での生活と自然との多様な結び付きを体感できる面白みには、興味をもってもらえるんじゃないかと思うのですが。

久保田　みんな、現在のカレンダーにもあまり興味はないですよ。気になるのは休日と祝日ぐらいでしょう。今使っている暦でさえ気にしないのに、さらに旧暦なんて、ってことじゃないですか。それでも三島市民には、旧暦は面白いんだということをわかってもらいたいね。

田　村　携帯電話のカレンダーに、旧暦を盛り込むことを提案したいね。

久保田　月の形を盛り込んだらいいんじゃないかな。それに十六夜《いざよい》の月とか、居待月《いまち》、臥待月《ふしまち》なども盛り込んだらどうだろう、情緒もあるし。

司　会　そうですね、旧暦に関心をもつきっかけとして、そういった日本独特の情景を楽しみたいということはありますね。

知名度ではまだ不十分なことが気になる三嶋暦ですが、イベントに参加してくださるお客様のなかには旧暦の楽しみ方をご存知の方も多いのです。そういう心の通じるところを大切に、これからも会を盛り立てていくことが大事ですね。

コラム③　生まれ年の干支《えと》を知るには

生まれ年の十二支は知っていても、十干を知る人はそうそういません。実はこれ、簡単に知ることができるのです。十干は10年で一巡しますから、西暦年の末尾の数字でわかるのです。

末尾が0の年は庚《かのえ》、1は辛《かのと》、2は壬《みずのえ》、3は癸《みずのと》、4は甲《きのえ》、5は乙《きのと》、6は丙《ひのえ》、7は丁《ひのと》、8は戊《つちのえ》、9は己《つちのと》となります。

忘れないために歌をつくりました。

「岸　広く　津は　風もなく　見えにけり」

というもので、きし＝き（のえ）4、ひろく＝ひ（のえ）6、つは＝つ（ちのえ）8、かぜもなく＝か（のえ）0、みえにけり＝み（ずのえ）2、と読み解きます。

十二支は12年で一巡しますから、西暦を12で割ったあまりで知ることができます。あまりが0の年は申、1は酉、2は戌、3は亥、4は子、5は丑、6は寅、7は卯、8は辰、9は巳、10は午、11は未となります。

2015年生まれの人は、十干は末尾が5で「乙」、十二支は「2015÷12＝167あまり11」で「未」になります。十干と十二支を合わせて「乙未《きのとひつじ》」生まれとなります。

十二支とあまり数

第3部

せせらぎのまち
三島

源兵衛川で遊ぶ（写真提供：グラウンドワーク三島）

第8章 三島を歩く

「すごい風景やなー。富士山が、目の前に張り付いてる！」

冬、新幹線の三島駅のホームに降り立った知人が開口一番このように叫びました。住んでいる者にとっては当たり前の風景ですが、初めて訪れた人にはこのように見えるのかもしれません。

この富士山の恵みである湧水が溢れ、温暖で自然が豊かな三島は、古くから都の文化を取り込んできたという歴史があります。伊豆が遠流《おんる》の地であったためでしょうか、都の文化が三島にももたらされてきたのです。

伊豆国一宮である三嶋大社は、源頼朝（一一四七〜一一九九）をはじめとする武将たちの活躍や、民衆の信仰を広く集めることで発展してきました。江戸時代になると、三島は東海道の一一番目の宿場町として三嶋大社とともに栄えました。後年、太平洋戦争の戦火をまぬがれた三島は、現在でも古い建物が数多く残され、歴史がとても身近に感じられるまちとなっています。

それぞれの時代の特色を独自に育んできた歴史と文化の豊かなまち、それが三島です。それでは、みなさんとともに三島のまちを歩いていくことにしましょう。

図表８－１　三島市内図

大岡信ことば館
JR東海道新幹線
JR東海道本線
JR三島駅
伊豆箱根鉄道三島駅
伊豆箱根鉄道駿豆線
観光案内所
観光協会
楽寿園駅前口
御幸通り
N
鏡池
菰池公園
18 解⑪
順天堂大学保健看護学部
愛染の滝
三島市民文化会館
ゆうゆうホール
梅御殿
楽寿園
1
楽寿館
2 小浜池
三島市郷土資料館
ほたるの里
楽寿園南出口
三島商工会議所
うなぎのお宿
楽寿園正門
17 解⑤
白滝公園
三島市民生涯学習センター
三島市立図書館
浅間神社（伊豆二の宮）
16
15
水辺の文学碑
上の小路
下の小路
桜川
解⑧
三嶋大社（伊豆一の宮）
14
本殿
舞殿
神門
金木犀
三島桜
宝物館
解④
暦門のみち
三嶋暦師の館（河合家）
B 解⑬
大場川
小浜のみち
3
解②
さんしんギャラリー善
解⑦
解⑭
伊豆国分寺跡
七重塔礎石
4
解⑥
国分寺
解⑯
鎌倉古道
桜小路
問屋小路
東海道
三島市役所中央町別館
三島中央町郵便局
三島宿問屋場跡
つるべっ子
13
三島市役所大社町別館
ボイスキュー（FMみしまかんなみ）
解⑮ 12
市ヶ原廃寺塔心礎
祐泉寺（推定代用国分尼寺跡）
蓮馨寺
芭蕉の句碑
本町タワー
Via701
世古本陣跡
樋口本陣跡
三島広小路駅
5
時の鐘
三石神社
腰切不動尊
三島市役所
三島市社会福祉会館
楊原神社（伊豆三の宮）
解⑩
解⑨
御殿川
下田街道
竹林寺小路
唐人町
三島田町駅
雷井戸
6
三島メディカルセンター
解③ 三島梅花藻の里
水の苑緑地
7
8 解①
9
11
10
佐野美術館
間眠神社
エコセンター
三島郵便局
国道１号

(1) 三島市郷土資料館

「まえがき」でも紹介しましたが、三島駅の南口を出ると、すぐ前に三島市立公園「楽寿園」の森が広がっています。広さ約七万三〇〇〇平方メートルの自然豊かな公園のなかに「三島市郷土資料館」はあります。まずは、三島の文化を知るための手掛かりとして、ここを訪ねてみましょう。

郷土資料館では、旧石器時代から現代に至るまでの三島の歴史・文化が展示されているほか、江戸時代の三島宿のにぎわいなどが詳しく紹介されています。本書で紹介してきた貴重な文化財である三嶋暦も、もちろん展示されています。子どもから大人までが楽しみながら「ふるさと三島」を体感できる所、それが郷土資料館です。

郷土資料館に所蔵・展示されているもののなかから、「三島茶碗」と「三四呂《みよろ》人形」について紹介していきます。

三島市郷土資料館
〒411-0036　三島市一番町19-3（楽寿園内）
TEL：055-971-8228

三島茶碗

三嶋暦の文様に似ていることから「三島茶碗」と呼ばれるようになったといわれています。また、三嶋暦の文字のように細かくて美しい模様のことを、茶道をたしなむ人たちは「三島手《みしまで》」とか「暦手《こよみで》」と呼びました。もともとは一五～一六世紀に朝鮮半島からもたらされた、粉青沙器《ふんせいさき》という象嵌《ぞうがん》模様でつくられた陶器に、この文様がデザインとして採り入れられていたのです。つまり、三島茶碗とは、三島でつくられた茶碗ということではなく、細かくて美しい象嵌模様を施した茶碗すべてのことを指すわけです。

現物を手にされるとわかりますが、三島茶碗は日常的に使われている茶碗と何ら変わるところはありません。こうした何のてらいもない自然の趣が、かつての茶人たちに好まれた理由かもしれません。三島の名物として広めるために「三島茶碗文化振興会」も設立され、三島茶碗の素朴な味わいを復活させることを目標に活動されています。

三四呂人形「水辺興談」（写真提供：三島市郷土資料館）個人蔵

三島茶碗と三嶋暦

三四呂《みよろ》人形

ちょっと変わった名前の三四呂人形は、三島市出身の人形作家である野口三四郎（一九〇一〜一九三七）が創作した芸術人形です。明治三四年に生まれたために「三四郎」という名が付けられたという野口は、旧制韮山中学（現韮山高校）を中退後、写真家を目指して東京に移り住みました。翌年、朝鮮京城博覧会に派遣されたことが人形作家となる転機になったようで、帰国後、張子人形と出合ったことによって人形制作に没頭するようになりました。

その作品は、異国情緒の溢れるものから、日常の子どもの遊び、家族の愛情を表すもの、愛娘をしのぶものなど、題材の多くが「ふるさと三島」と「子ども」に求められています。和紙を貼り重ねた、淡い彩色の温かみある人形からは、古きよき時代の三島の雰囲気が感じられ、素朴で愛らしい童話の世界をつくり出しています。

和紙と糊でできているため、現存する作品はかなり少なくなってしまいました。現在確認されているものは一〇〇点ほどで、市内に残る二四点は三島市文化財に指定されています。前ページの写真は、昭和一一（一九三六）年に開催された第一回綜合人形芸術院展で最高賞となる人形芸術院賞を受賞した作品です。魚を捕って遊ぶ甥の野口兄弟がモデルといわれています。

（２）楽寿館

「楽寿園」のなか、三島市郷土資料館から数分歩くと「楽寿館」が見えてきます。その入り口は質素な感じがしますが、この建物は小松宮彰仁《こまつのみやあきひと》親王の別邸として、明治二三（一八九〇）年に京間風の高床式数寄屋造りにおいて建てられたもので、昭和四九（一九七四）年に三島市の文化財として指定されました。

楽寿館の回廊から見える小浜《こはま》池、そして雑木林を生かした庭園は素晴らしいとしかいいようのない眺めとなっています。また、主室と次の間からなる六〇畳敷きの大広間「楽寿の間」を中心に、茶室や趣の異なった部屋が回廊によってつながっています。

京風建築によるこの建物、簡素ななかにも格調の高さをうかがうことができます。各室の襖《ふすま》、格《ごう》天井、杉板戸などには明治期を代表する日本画家による装飾絵画がたくさん

小浜池の畔に立つ楽寿館
〒411-0036　三島市一番町19-3（楽寿園）
TEL：055-975-2570

描かれていますので、ご覧になってはいかがでしょうか。一般公開は、休園日を除いて午前九時三〇分～午後三時三〇分までの間に六回行われています。館内での撮影が禁止されていますので、ご自分の目で鑑賞するしかありません。

（3）三嶋大社

三嶋暦との関係で、本書においてたびたび登場してきた「三嶋大社」、その本殿、幣殿、拝殿は、平成一二（二〇〇〇）年に国の重要文化財に指定されました。現在の社殿は、安政元（一八五四）年の大地震のあと、慶応二（一八六六）年に再建されたものです。

伊豆国一宮として古くから人びとの信仰を集めている三嶋大社の祭神は、大山祇命《おおやまずみのみこと》と事代主命《ことしろぬしのみこと》の二柱で、総じて「三島大神《みしまのおおかみ》」と称されています。創建された時期は不明ですが、養老四（七二〇）年に編纂された『日本書紀』の注釈書である『釈日本紀』に「三島神」という表記があります。

源頼朝が挙兵に際して祈願を寄せ、緒戦に勝利したことでも有名な三嶋大社ですが、その本殿の妻飾りや彫刻（吉備真備が碁を打つ彫刻。七六ページの写真参照）、幣殿と拝殿との接合部などの形式や細工には趣向が凝らされており、江戸時代末期の装飾豊かな社殿として非常に価値が高いものです。

頼朝に関する逸話を紹介しておきましょう。

祈願によって緒戦に勝利した頼朝は、毎年行われる祭礼には「必ず参詣します」と誓ったようです。しかし、鎌倉からでは遠く、使役させられる人びとの労も大きいので、伊豆国で由緒正しい農民を七人（在庁奉幣使、七三ページの注、八八ページ参照）選んで輪番で祭礼には代参するように命じたといわれています。征夷大将軍の装束を身に着けたこの七人のことを「らいちょう」と呼んで、彼らが通った道を「頼朝道」といっていたそうです。

境内には、頼朝とその妻である北条政子が腰掛けたといわれる「腰掛け石」のほか「たたり石（絡垜《たたり》・人の流れを整理する役目の石）」と呼ばれる石もあります。

境内にある「宝物館」も紹介しておきましょう。

三嶋大社の舞殿（手前）と拝殿（奥）

館内には、北条政子が奉納した「梅蒔絵手箱」（国宝）をはじめとして、源頼家筆写の「紙本墨書般若心経」（重文）や太刀「銘　宗忠」（重文）など多くの文化財が所蔵され、その一部が展示公開されています。

源頼朝といったら「鎌倉市」をイメージされる方が多いと思いますが、ここ三島市でも、鎌倉時代をしのぶことが十分にできる神社仏閣がたくさんあります。腰掛け石に座り、「いいくに」を想像してみるのもいいかもしれません。

お正月には静岡県で一番多い初詣客で賑わう三嶋大社ですが、春には境内のソメイヨシノや三島桜、神池周辺にはしだれ桜が咲き誇り、たくさんの観光客を迎えます。そして夏、八月一五日から三日間、三嶋大社の例祭があります。これは、旧暦の時代、八月一五日、一六日、一七日に「秋まつり」として行っていたものを受け継いだものです。

三島夏まつりで農兵節を踊る女性（写真提供：三島市）

古くから「明神様のお祭り」として近郷近在の人びとに親しまれた祭りで、この間、三島は祭り一色となります。戦国時代につくられたといわれる三島囃子《ばやし》（シャギリ。次章参照）、江戸時代初期につくられた当番町の山車《だし》の引き回し、農兵節《のーえぶし》の唄と踊りなどが賑やかに催され、境内や旧東海道にぎっしりと立ち並ぶ露店も昔から有名です。

九月から一〇月にかけて、樹齢一二〇〇年と伝えられる日本一の金木犀《キンモクセイ》（国指定天然記念物）が小花を全枝につけます。「その芳香は二里にも及ぶ」といわれていました。金木犀の香りのもと、三島大通り商店街をブラブラと散歩するのもおすすめです。

散歩といえば、三島には江戸時代より愛されている小路があります。それを次に紹介しましょう。

（4）三島八小路《みしまやこうじ》

江戸時代、東海道、甲州道、下田街道などの大路に対して、愛称を付けて呼ばれた小路を総称して「八小路」といっています。当時、この八小路の名前をスラスラということができれば三島人の証明となり、箱根の関所を通行手形なしで通ることができたという逸話が残っています。

以下に紹介する八つの小路、三島のどこを通っているのかは、実際に来られて探してください。

・**阿闍梨《あじゃり》小路**——広小路町、国分寺の門前に至る小路です。

・**問屋《といや》小路**——三島田町駅より北に、旧東海道を越えて赤橋の通りに至る小路です。問屋小路の代わりに「桜小路」（赤橋の通り）と称する説もあります。

・**上《うえ》の小路**——桜川から甲州道へ抜ける弓状の小路です。心経寺《しんきょうじ》の前を通っています。

・**下《した》の小路**——上の小路の南側を平行に走っている小路です。

・**金谷《かなや》小路**——三嶋大社の東側に隣接し、江戸時代に武具師、刀鍛冶などの職人たちが住んでいたといわれる小路です。

・**細《ほそ》小路**——三嶋暦師の館から西へ五〇メートルほど行って北に折れる小路です。

・**竹林寺《ちくりんじ》小路**——三島市役所前から中央町商店街に抜ける小路です。

・**菅《すげ》小路**——昔、間眠《まどろみ》神社の周辺には菅がたくさん生えていて、この辺りで菅笠がつくられたといいます。小路の場所は特定されていません。

国分寺の七重塔の礎石跡

何となく京都を思い起こしてしまう八つの小路、やはり都の文化が伝わってきたことを証明しているようです。

（5）　湧水

三島といえば「湧水」です。富士山の地下水による湧水源が三島の街中にはいくつもあり、せせらぎをつくって、川となって狩野川に注いでいます。その清流にホトケドジョウやホタル、ミシマバイカモが育ち、人びとに水辺の潤いを与えてくれています。

ここでは、四つのせせらぎを紹介しておきましょう。

源兵衛川《げんべえがわ》――本章の冒頭で紹介した楽寿園の小浜池を水源として、中郷《なかざと》温水池に注ぐ灌漑用の水路です。親しみ深い名前は、開削に深く関わった寺尾源兵衛に由来します。川の中の飛び石伝いに散歩でき、子どもたちのよい遊び場にもなっています。

この川では、ゴールデンウィーク明けには自生のホタルが見られるほか、カワセミが一年を通して見られます。このような環境から

源兵衛川の遊歩道

観光客も多数訪れています。旧東海道を渡った先には、第2章で紹介した「時の鐘」の鐘楼が三石神社の境内に立っています（六〇ページの写真参照）。

御殿川《ごてんがわ》――この川の名称は、江戸幕府三代将軍徳川家光が宿泊するために造られたという御殿の東側を流れていたことに由来しています。菰池《こもいけ》公園や白滝《しらたき》公園周辺の湧水が水源と見られ、白滝公園そばの水門で桜川から分流し、南に下っていきます。この水門は水量が多く、激しく「ドンドン」と流れ落ちることから「ドンドン淵」とも呼ばれていました。

桜川《さくらがわ》――菰池公園と白滝公園を水源とする桜川は、三嶋大社西側の祓所《はらいど》神社の脇を通って南へと流れています。豊かな湧水が溢れていたころ、この辺りには小舟も浮かんでいました。水の三島の情緒を楽しむ川沿いの道には柳が植えられ、美しく手入れされた花壇とともに人びとの目を楽しませています。

　この川沿いには、現在、太宰治や若山牧水、司馬遼太郎など三島ゆかりの文学者一二人の「水辺の文学碑」が並んでお

白滝公園の脇を流れる桜川

桜川の畔に立つ司馬遼太郎の文学碑（水辺の文学碑）

り、文学散歩も楽しめる通りとなっています。

柿田川《かきたがわ》――三島市に隣接する清水町との境近くの国道一号線（清水町部分）の真下から湧き出し、川幅三〇～五〇メートル、全長一二〇〇メートルの河川となって狩野川に合流しています。全長一二〇〇メートルというのは、日本でもっとも短い一級河川となります。

三島駅からは少し離れていますが（バスで一五分ほど）、「東洋一の湧水」といわれ、日量約一〇〇万トンを誇り、「日本名水一〇〇選」にも選ばれている川です。

富士山の東南斜面に降った雨や雪解け水が長い年月をかけて、御殿場市や裾野市から三島市の地下に浸透し、湧き出しています。大変水質がよく、厚生労働省が発表した「おいしい水」の条件をすべてクリアしています。川の中には藻の一種のミシマバイカモが梅によく似た花を咲かせ、岸辺には水草のセリ、ホタル、カワセミなどが観賞でき、豊かな自然環境がつくられています。展望台や遊歩道からは、水が湧き出す様子を見ることもできます。

柿田川湧水と鮎の群れ

ミシマバイカモ

（６）佐野美術館

最近、「刀女子《かたなじょし》」と呼ばれる女性が大変多くなっているということです。中高年の男性に愛好家が多かった日本刀に、若い女性たちが熱い眼差しを向けているのだそうです。解説書を読んで刀の来歴を学び、博物館に行っては、光り輝く日本刀をうっとり見つめているようです。そんな刀女子に必見となる美術館が三島にあります。

先ほど紹介した御殿川沿いに立つ佐野美術館は、三島市出身の実業家である佐野隆一氏が私財を投じて、昭和四一（一九六六）年に開設しました。湧水の豊かな地に回遊式庭園を造り、長年にわたって佐野氏が収集した各種の美術品とともに、広く市民に活用されることを願って「財団法人佐野美術館」に寄贈されたものが展示されています。

美術館隣にある回遊式の庭園

佐野美術館
〒411-0838　三島市中田町1-43
TEL：055-975-7278

　とくに、日本刀や薙刀《なぎなた》には名品が多く、刀剣類の収集では「東洋一」ともいわれています。ちなみに、「備前国長船住人長光造《びぜんのくにおさふねじゅうにんながみつつくる》」と銘の入った薙刀は国宝に指定されています。

「刀女子」「歴女」といわれる女性のみなさん、一度来館されてみてはいかがでしょうか。きっと、満足されること、請け合います。

　なお、佐野美術館では、そのほかにも青銅器、陶磁器、金銅仏、古鏡、古写経、日本画、能面、装身具などといった東洋の工芸品が系統立てて展示されています。展示会としては、美術館独自のコレクションを生かした企画展と、幅広い分野にわたる特別展がほぼ一か月ごとに開催されていますので、そちらも楽しんでください。

佐野美術館の館内（写真提供：佐野美術館）

第9章 不思議なまちへのご案内

(1) 空襲を受けなかったまち

平成二五（二〇一三）年に惜しまれつつ亡くなられた緒明實《おあきみのる》[1]さんが、「三島のまちはなぜ空襲されなかったのか？」という疑問を「三島竹枝《ちくし》・呑山《どんざん》研究会[2]」の会合後に行われた二次会で口にされました。

実は、「沼津や静岡などの都市が焼き尽くされたのに、三島だけがなぜ空襲されなかったのか？」、また「中島飛行機[3]などの軍需施設もあったのにどうして？」という疑問は、三島市民なら誰もが少なからずもっていたもので、その場にいたすべての人が思わず身を乗り出してしまいました。そのあと、緒明さんが話されたことは驚くべきものでした。

緒明家は造船業を営んでいました。造船のまちである横須賀市には、緒明山公園という名所があるぐらいです。また、西郷隆盛とも親戚関係というような家柄である緒明家は、昭和二（一九二七）年から「楽寿園[4]」を所有していたのですが、昭和二七（一九五二）年に三島市が購入しています。このような家系の緒明さんが「なぜ、空襲されなかったのか」ということについて話されたのです。

話は、緒明さんのお父さんである緒明圭造《けいぞう》さんの時代にさかのぼります。戦後、アメリカに接収されていた楽寿館（前章参照）で開かれたアメリカ軍の高級将校たちが開催するパーティーで、圭造さんがある将校にその疑問をぶつけてみたそうです。するとその将校は、「文化的評価です」と答えたというのです。

このひと言は、われわれにショックを与えました。なぜかといえば、このひと言が理由で、三島に生まれ育った私たちが、この住み慣れたわがまちをどのように評価していたのか、三島の文化を軸に未来への展望をどう考えていたのか、ということに向き合わざるを得なくなったからです。

その夜を境に、「わがまち三島」に対する眼差しは変わりました。そしてそれ以降、いくつか

（1）（一九二〇～二〇一三）元静岡銀行頭取。三島においてさまざまな役職に就く。緒明家は戸田《へだ》（現沼津市）の船大工だったが、江戸、横須賀、鳥羽などで造船業をはじめ、日清・日露両戦争の造船特需で造船王といわれた。

（2）（一八五四～一九四五）三河（現愛知県）生まれの実業家。本名は杉田六衛、六江《ろっこう》は通称。実業界を引退してから漢詩・茶道・書道・絵画・造園・建築等に精通した。

（3）一九一七年から一九四五年まで存在した航空機・エンジンメーカー。製作所の跡地は現在、国立遺伝学研究所。

（4）三島駅南口前の市立公園。園内には約一万四〇〇〇年前の富士山噴火の際の溶岩とその上に自生した樹木などが生育して、伊豆半島のジオ・ポイントの一郭を形成している。第８章参照。

の活動的なグループが誕生していきました。なかでも緒明さんは、「右手にスコップ、左手に缶ビール！」を合言葉とする「グラウンドワーク三島」（二二五ページの注参照）という市内外の環境整備に携わるNPO団体を立ち上げ、平成二三（二〇一一）年には「第一回地域再生大賞」(5)を受賞しています。

アメリカは日本を空襲するにあたって、各都市の文化的評価をしていたようです。そのためか、京都や奈良をはじめとする古くからの都市は空襲を受けていません。それでは、アメリカが空襲するのを控えた三島の文化的財産とは、いったいどういうものだったのでしょうか。このことを、三島に生まれ育ったわれわれが知らないということは恥ずべきことではないかと考え、いま一度、故郷の先人たちが残した宝を見つめ直すべきだと思うようになりました。

そうしたなかで出てきたものの一つが、本書において紹介している「三嶋暦」です。三島の数ある歴史的資産のなかでも、三嶋大社に次ぐ歴史をもつ「三嶋暦」を、アメリカがどのように評価していたかを伝えるだけの具体的な文書があるわけではありません。しかし、それを探る手掛かりはあります。

先にも記したように、アメリカ合衆国第一八代大統領のグラント氏は、大統領を退いたあとに家族と世界一周の旅に出ました。そしてその途中、明治一二（一八七九）年に国賓として来日しています。その際、静岡県の主催で歓迎昼食会が開催されたのですが、そのときに滞在先の箱根から三島へ来られ、タイサンボクの若木一本を河合家に寄贈しているのです（一一六ページ参照）。アメリカが考えていた文化的財産という視点が見えてくるのではないでしょうか。

（2）「三島竹枝」(6) と粋なまち

明治一六（一八八三）年、「三嶋暦」の出版・販売を止められてから半世紀近くが経過した昭和の初めのころのことです。呑山（杉田六衛）は実業界から引退して、大阪、京都などに移り住んだのち、七八歳のときに三島へ来て、その後一〇年間にわたって滞在しました。

呑山が三島に住みはじめると、地元の素封家、医者、実業家らがその居宅に集まるようになり、彼から茶道・立花《りっか》（活け花）・書・詩・庭や茶室の造り方などの教えを受けるようになったのです。呑山は、そうした三島の人びととの交流を四三編の漢詩に残しています。それが「三島竹枝」です。

まずは、竹枝について説明をしましょう。

（5）地方新聞四六紙と共同通信社が合同で平成二三年に創設した、地方の活性化に取り組む団体を支援することを目的とした賞。

（6）杉田六江著、昭和九（一九三四）年刊行の三島の伝説・風俗・人情を描いた漢詩集。

竹枝というのは楽府《がふ》(7)の一つのかたちで、唐の劉禹錫《りゅううしゃく》(8)が左遷された先の土地で聞いた歌に惹かれてつくった「竹枝詞」が最初といわれています。唐代末から宋代にかけて流行した七言絶句(9)の漢詩で、男女の機微《きび》を歌うその粋《いき》さが受けて、日本では江戸時代の終わりころから、江戸や京都をはじめとした大都市に住む「旦那方」の知的お遊びとなりました。

また、呑山は東京の宗徧《そうへん》流茶道(10)を極めていて、三島では水上《みずかみ》通りにある能の宝生《ほうしょう》流の名家である命尾《めいお》家との交流も深かったようです。

「竹枝」の七言絶句形式は、三島の風景、風俗、宿場の賑わいのなごりを歌うのに適していたのでしょう。「三島竹枝」には東海道がもたらす粋な文化と美しい森や富士山から豊かに流れる清流、三島明神への切れ目ない人の波の様子が描かれていますが、その二五篇目には三嶋暦が歌われています。

下種挿苗時不論（下種挿苗の時は論ぜずして）
只随農老努田園（ただ老農に随いて田園に努む）
須来三嶋暦今止（須来の三嶋暦今は止むも）
小路留名呼暦門（小路に名を留めて暦門と呼ぶ）

この漢詞の意味は、「暦が変わったために、種をまき、苗を植える時期を、年老いた熟練の農夫に教えてもらわなければならなくなった。今、暦の館付近は暦門《こみかど》と呼ばれて親しまれている」というものです（一一八ページ、一五八ページ参照）。

四三編の「三島竹枝」のなかで、この作品だけが竹枝独特の情緒がなく、怒りと悲しみを秘めています。明治の初めに出版販売を止められた「三嶋暦」に対する思いが、どこか情緒を超えたものになったのでしょう。この詩のあとに、三井有慶《ゆうけい》(11)氏が「暦は河合家より出で、宝亀自《ほうきよ》り明治の初めに至りて止む、此の作も亦《また》欠くべからず」と書いています。

そうしたなか、平成八（一九九六）年に「三島竹枝・呑山研究会」が結成されました。三島商工会議所会頭で三嶋大社筆頭社家でもある大村馨さんらの呼び掛けで、大学教授、文化人、作家、

（7）　漢の武帝のころに音楽を司った役所。この役所で取り扱った楽曲も楽府といった。宮廷音楽の他に民間の民謡も採集している。

（8）　（七七二〜八四二）中国唐代の詩人、政治家。中央政界で柳宗元と王叔文の党派に連なり、永貞の革新（八〇五年）で政治改革を推進するも、守旧派が盛り返したときに、朗州（湖南省）に左遷される。朗州での約九年間は文学に没頭し、当地の風俗に取材した詩や祭祀用の歌詞をつくった。

（9）　漢詩の形式の一つ。七言の四句からなる定型詩で唐代に完成された。

（10）　江戸初期の僧・山田宗徧が僧を辞してから起こした茶道の一派。

（11）　（一八八三〜一九五六）昭和初期の三島の軍医。有慶は画号。

医者、教師などが集まったのです。これまで夜桜を楽しみ、ホタルを見ながら月を眺め、詩に星をあわせる夜を重ねてきました。

（3）古今伝授[12]のまち

京で起きた応仁の乱（一四六七～一四七七）は三島にも飛び火し、思いもかけぬ大きな土産を置いていきました。享徳の乱[13]を起こして幕府と敵対状態にあった第五代鎌倉公方[14]の足利成氏《しげうじ》[15]は、下総国古河《こが》（現茨城県）へ逃亡して「古河公方」と名乗っていました。そして、幕府から成氏の後任として任命された、八代将軍足利義政[16]の弟である足利政《まさ》知《とも》[17]が着任するに際し、成氏が兵を挙げたのです。

これによって足止めをされた政知は、鎌倉に入ることができず、伊豆国堀越《ほりごえ》（現静岡県伊豆の国市）に留まることになりました。すると室町幕府は、歌人で武士でもある

願成寺山門の入り口

東常縁《とうのつねより》(18)を堀越にいる政知の援軍として派遣しました。常縁は、河原ヶ谷城(19)（現在の願成寺）に入って政知を援護したのです。

これを聞いた連歌師《れんがし》の宗祇法師《そうぎほうし》が(20)、「古今伝授」を受けるために三島にいる常縁のもとに駆け

---

(12) 勅撰和歌集である『古今和歌集』の解釈を秘伝として天皇に伝えたもの。東常縁は二条流を継いでいる。

(13) 一四五四～一四八二年まで続いた関東地方における内乱。第五代鎌倉公方・足利成氏が関東管領・上杉憲忠を暗殺したことに端を発する。

(14) 室町幕府の征夷大将軍が関東十か国における出先機関として設置した鎌倉府。関東公方という場合は、古河公方も含む。足利基氏を初代として五代続く。

(15) （一四三四？～一四九七）第五代鎌倉公方で、初代古河公方。

(16) （一四三六～一四九〇）室町幕府第八代将軍。財政難などから幕政を日野富子らに委ねて東山文化を築く。

(17) （一四三五～一四九一）室町後期の武将。初代堀越公方として古河公方と対抗する。伊豆国韮山の堀越を本拠地とした。堀越は、のちに北条早雲と名乗る伊勢新久郎長氏が政知の子・足利茶々丸を攻め滅ぼした地。

(18) （一四〇一？～一四八四）室町中期から戦国初期の武将、歌人。美濃国（現岐阜県）篠脇《しのわき》城主。

(19) 源頼朝が平家打倒を宿願として一〇〇日間三嶋大社に日詣したときの宿舎といわれる。伊勢新九郎長氏は、時の城主・高橋権守兼遠をここに攻めている。城域は現在の願成寺境内を含む。

(20) （一四二一～一五〇二）飯尾宗祇。室町時代の連歌師。生国は紀伊とも近江ともいわれている。東常縁から古今伝授を授けられる。応仁の乱後は古典復帰の気運が高まり、国人領主などの間で連歌が流行した。准勅撰連歌集『新撰菟玖波《つくば》集』を編集。

つけました。ところがこのとき、常縁の子ども、竹一丸《たけいちまる》が病にかかったので伝授ができなくなりました。そこで、宗祇が三島明神（三嶋大社）に「なべて世の風をおさめよ神の春」を発句とする「三島千句」を奉ったところ、ほどなく治ったということです。

発句の意味は、「すべて世の中の争い、病は明神のお力でおさめてください」というものです。この三島千句が、静岡県の文化財保護委員会の調査の折に三嶋大社の矢田部宮司の家にある蔵から見つかったほか、河原ヶ谷城跡でも宗祇三五〇年遠忌《おんき》書類[21]が見つかったので、古今伝授が三島で行われたという裏付けとなりました。

東常縁と宗祇の間では、口頭伝授だけでなく切紙《きりがみ》伝授も行われています。伝授する二人が（ここでは宗祇と常縁が）、古今伝授の奥義とする諸箇条を切紙に書いて伝授するものです。このかたちですと、書かれた奥義がほかの人の目に触れる心配もあるのですが、それでもあえ

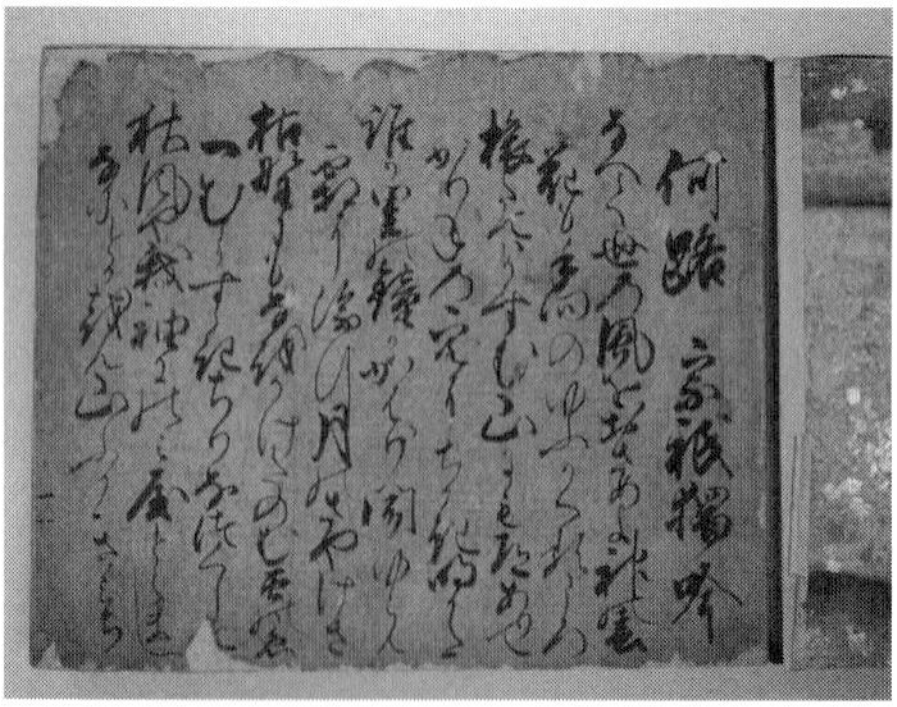

三嶋大社の宝物館に展示されている宗祇独吟の「三島千句」（写真提供：三嶋大社）

て切紙伝授にした二人の思惑はどこにあったのか、それについては知る由もありません。しかし、宗祇が切紙伝授を申し出たときに、常縁はそれに抗議をすることはありませんでした。

宗祇は、後土御門天皇から「花の下《もと》（第一人者）」という最高の称号を与えられ、以降、連歌・俳諧の第一人者がこう呼ばれるようになりました。連歌というのは、それまでの五七五（上の句）・七七（下の句）の短歌形式を五七五と七七に分けて、初めの五七五を発句、七七を脇句とし、以下、三句（五七五）、四句（七七）、五句……と続けて一〇〇句まで詠んで完成するものです。後世になると、上の句のみを詠む俳句が庶民文化として流行し、現在でも人気となっています。三島は、この歌の広がりへの大きな橋を架けたまち、短詩型文学の基になったまちといえるのかもしれません。

ここ数年、三島市、裾野市、箱根町では、宗祇についての勉強会が開かれるようになりました。裾野市には宗祇の墓（定輪寺《じょうりんじ》）がありますし、箱根町は宗祇終焉の地です。室町時代随一の連歌師である宗祇が、富士・箱根・伊豆の三市町に大きな足跡を残していることは奇跡ともいえます。

（21）願成寺旧書院から発見された宗祇死去三五〇年法要の関連資料。三島市は、願成寺が河原ヶ谷城域にあり、鎌倉古道沿いにあること、三島千句を奉納した三嶋大社の歴代宮司の菩提寺であることなどの理由から、古今伝授の寺と認定した。

（4）八景のあるまち

石山《いしやま》の秋月《しゅうげつ》、勢田《せた》（瀬田）の夕照《せきしょう》、粟津《あわづ》の青嵐《せいらん》、矢《や》（八）橋《ばせ》の帰帆《きはん》、三井《みい》の晩鐘《ばんしょう》、堅田《かたた》の落雁《らくがん》、比良《ひら》の暮雪《ぼせつ》、唐崎《からさき》の夜雨《やう》……といえば近江八景です。明応九（一五〇〇）年に、関白近衛政家[22]が琵琶湖南部の景勝を八首の和歌に詠んだことから生まれたといわれています。

露時雨　もる山遠く　過ぎきつつ　夕日のわたる　勢田の長橋

勢田の夕照はこのように詠まれていますが、その情景は、山中を歩いてきてふと振り返ると、日本三古橋の一つである瀬田の唐橋の長いシルエットが琵琶湖の夕日に映えて美しい、私の着物は露時雨で濡れそぼってしまったが、それもしっとりとした想いに変えてしまう、という感じでしょうか。

八景は、浮世絵、狂歌、庭園にまで取り入れられて文化の広がりをつくりました。日本各地でご当地八景が盛んに選ばれるなか、粋《いき》な伝統をもっている三島がこれを選ばない手はありません。一般的に、八景を選ぶときには近江八景の情景を踏襲するのも一つの洒落になるので、金沢八景は近江八景にならって情景を選定しています。しかし、三島は少し違っていました。

三島八景を挙げてみると、大社の群鳥、水上《みずかみ》の富士、間眠《まどろみ》の夜雨、加茂川の蛍、広瀬の秋雨、広小路の晩鐘、千貫樋《せんがんどい》の夕景、小浜山《おばまやま》の暮雪、となり、傍点を付した情景は近江八景には選ばれていないものです。富士山はいかにも三島の情景です。また、広小路の晩鐘は一日の明け暮れを告げる時の鐘の音を選んでいて、これこそ三嶋暦のまちにふさわしい情景といえるのではないでしょうか。

三島八景は和歌に詠まれることはありませんでしたが、常磐津《ときわづ》(23)にはあるようです。常磐津の八景は、いわゆる三島八景とは微妙に異なっています。町衆《まちしゅう》の、ひいきの景勝地への熱の入れようもあってそうなったのでしょう。

近年では、新三島八景も選ばれています。銀杏並木の黄葉《こうよう》、三嶋大社桜の舞、楽寿園の紅葉、源兵衛川の蛍、中郷温水池の逆さ富士、松並木の菰巻《こもまき》、山中城の障子堀、箱根の大根干し、と生活感もある八景となっていて、和歌を楽しむ市民が歌に詠んで親しんでいます。

---

(22)（一四四四～一五〇五）室町から戦国前期の公家、関白、太政大臣。兄教基の死去にともない藤原摂家近衛家を継ぐ。和歌に優れ、その歌は『新撰菟玖波集』に入っている。近江八景は、近江守護六角高頼に招待されたときに即興で詠んだとされる。

(23)常磐津節。江戸幕府によって禁止された、心中ものを得意とした豊後節《ぶんごぶし》を江戸で上演できるように変えていくなかで生まれた浄瑠璃の一種。歌舞伎とともに発展した。

（5）　文学のまち

三島八景のあとは、三島と関わりのある文学者にも触れてみましょう。歌人でいえば、詩人であった大岡信(24)の父親、大岡博(25)の名が挙がります。博が創刊した歌誌『菩提樹』は、現在では東京に拠点を移して刊行されており、地方歌誌という枠を超えて優れた歌人をたくさん育てています。

そして、息子の信は、ご存じのとおり今でも日本文学界のリーダーとして活躍しています。三島駅北口前の「Z会ビル」には「大岡信ことば館(26)」があり、市民はそこで郷土の誇る詩人の「ことば」に触れることができます。

大岡父子（短歌と詩）、五所平之助(27)（映画・俳句）、小出正吾(28)（児童文学・随筆）と聞くと、『文芸三島』の創刊準備をはじめたときに、力強い後押しをしてもらったことを今でも鮮明に思い出します。そんな『文芸三島』も創刊から三七年が経過し、県下でも高く評価される文芸誌になりました。実は二〇一三年に、『ぬまづ文芸』で全国から公募した小説部門の最高賞と、三島市に関係する人なら誰でも応募できる『文芸三島』のエッセイ部門の最高賞を、同じ人が受賞するという慶事もありました。

三島市は市内を流れる桜川に沿って「水辺の文学碑」を造っています。前述した大岡信、小出正吾のほか、正岡子規、太宰治などの一二基の碑が並んでいます（一八八ページ参照）。なかでも太宰は創作活動を三島ではじめ、九つの作品を書いています。彼にとって三島は創作の原点なのです。多くの文学者が活動した「文学のまち」、それが三島だともいえるでしょう。

(24)（一九三一〜）三島市生まれ。詩人・評論家、日本ペンクラブ元会長。『折々のうた』は、一九七九年から二〇〇七年にかけて「朝日新聞」に連載された短歌・俳句・漢詩・川柳・近代詩・歌謡のなかから毎日一つを取り上げて論じたコラム集。

(25)（一九〇七〜一九八一）静岡市生まれ。三島市で教職に就き以後教育者として尽力。窪田空穂門下の重鎮として歌壇で活躍。

(26)〒411-0033　三島市文教町1−9−11　Z会文教町ビル1・2F
TEL：055-976-9160

(27)（一九〇二〜一九八一）東京都千代田区生まれ。映画監督・脚本家・俳人。日本最初のトーキー映画『マダムと女房』などを監督。三島市民とつくった『わが街三島』は最後の監督作品。

(28)（一八九七〜一九九〇）三島市生まれ。児童文学作家。キリスト者としてヒューマニズムに基づく作品を発表。作品に「白い雀」「ジンタの音」「のろまなローラー」など。

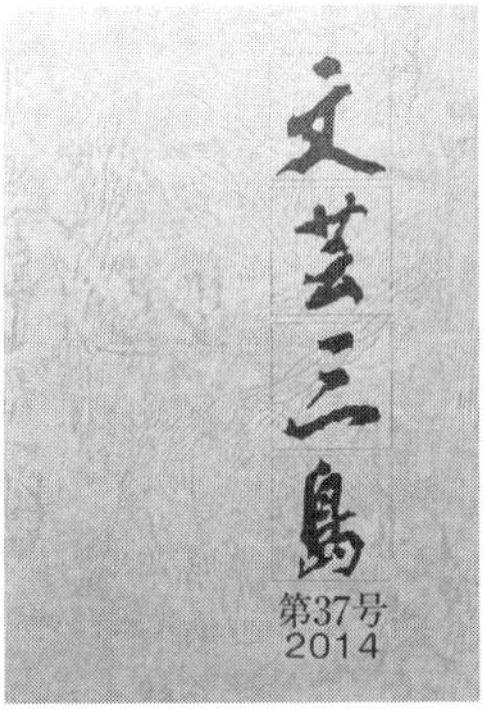

『文芸三島』第37号

復刻版『菩提樹』上・下巻

（6）歴史のまち

さまざまな形容がされる三島は「歴史のまち」ともいえます。前章でも述べたように、源頼朝は兵を挙げる際に三嶋大社で戦勝祈願をしました。その後、鎌倉幕府を開いています。いってみれば、七〇〇年にも及んだ武家政治発祥の地なのです。

ゆっくりとまちを散策していると、伊豆箱根鉄道駿豆線の広小路駅西側には国分寺を中心とした律令時代のまちの痕跡があったり、広小路駅から大社へと続くメインストリートは、古くからの商店、陣屋跡が残る東海道の宿場まちの様相を残しています。そんなまちから見る富士山が、電線に遮られることはありません。市民の声がきっかけとなって電柱の地中化が進められたからです。電柱のないまちは屋根も低く、江戸時代とあまり変わらない「空間」を保っており、懐かしさを演出しています。そして、このまちの中心となるのが三嶋大社なのです。

ここで、私の見聞を二つ紹介したいと思います。一つは中国・南京市で出会った、当時九二歳という書家から聞いた話です。

南京市周辺にかかる三つの島は「三島」という地名なのですが、その昔、この地で新しい品種の米がつくられたとき、収穫期になると北の匈奴《きょうど》に攻められたそうです。そこで南へ逃げ、海を越えて九州、瀬戸内へ、そして伊豆へ渡ったと、親しみを込めていわれました。

もう一つは、全国三島サミットを計画したときに（結果的に、このサミットは実現しませんでした）周辺都市と交流をもったことがきっかけで、新潟県三島郡の神社を訪問した際に聞いたことです。米どころである新潟県三島郡に鎮座する神社の祖先神は、対馬海流で日本海を上ってきた渡来系の弥生人であったということでした。

この二つの伝承は、このまちの三島明神（三嶋大社）が全国三〇〇社を超える三嶋神社の祖神であり、かつ水稲の稲作技術をもった一族が創祀したのではないかということを想像させます。

そして、ここに三嶋暦が登場します。当時の先端技術である水稲耕作を共同体で効率よく運営していくために、まず自然暦的な暦が生まれたと思われます。これらの事象は、三嶋にかぎらず他所（葛城・現奈良県御所市）にもあったといわれています。その後、田んぼに水を張る日をいつにするか、稲をいつ植えるかなどの、農事の目安となる日取りが次第に精致なものになっていきます。そこで、文化の先進地である京都から河合氏が移って来て、三嶋大社の社家・暦師として根付いたのではないかと考えられます。河合家は、明治の廃暦《はいれき》以後、三島町の町長を明治から昭和にかけて二代にわたって輩出しています。

（7）シャギリのまち

最近、近隣都市の人口が減っているという話を耳にするたびに、三島は恵まれていると感じます。人口は増えているわけではないのですが、幸い減ってもいません。商店街がシャッター通りになっていることもなく、舗道は花に彩られて活気があります。江戸時代には参勤交代の往来で常に人が溢れていたという歴史があるので、人が集まる文化というものを三島がもっているのかもしれません。明治以降もこのような雰囲気が残り、粋《いき》な文化が形成されていったのでしょう。

三嶋大社は、今でも正月三が日には初詣客が多く、一〇日ころまで境内へ入るのが大変な状態が続きます。さらに八月一五日から一七日にかけて行われる「三島夏祭り」の人出は、県下で行われるイベントのなかでも指折りの多さとなっています。かつての夏祭りといえば、大社の境内で花火が打ち上げられるのが善男善女こぞっての楽しみでした。しかし、大社の境内は花火を打ち上げるには狭すぎるので、現在では安全を優先して取りやめています。

花火は上がらなくなりましたが、夏祭りの間は、昼夜を問わず三嶋大社の周辺は人びとの熱気で溢れます。各町内の山車《だし》から聞こえる祭りのお囃子《はやし》は「シャギリ」といわれていますが、別名「喧嘩囃子《けんかばやし》」とも呼ばれる極めてエネルギッシュなものです。春の終わりころから、夕方になると町内の神社や公園などで祭り囃子を練習する音が聞こえてきます。子どもたちや町内会の青年たちが夏祭りに向けて練習をはじめるこの音は、初夏の風物詩となっています。

夏祭りのときには、子どものシャギリ大会もあります。それに出るために練習する子どもたちに付き添う母親たちも、一緒に練習しているうちに、いつしか山車に乗って演奏できるくらいにまでなったりします。

前述したように、このお囃子は「喧嘩囃子」といわれるようにエネルギッシュな演奏です。にもかかわらず、何年も練習を重ねていくと、ほかの山車が演奏するリズムを崩すような技もできるようになっていくのです。最近では、こういった女性たちが各町内の山車にも乗っているので、ひときわ目を引きます。

「シャギリ」の語源について気になったので調べてみたのですが、真相には辿りつけませんで

三島夏まつりのシャギリ（写真提供：三島市）

した。それでも、何とか自分なりに考察してみました。

「シャギリ」に似た言葉で西伊豆地方に「カッシャグル」という言葉があります。これは、今では「子どもたちが急いで走る」という意味ですが、もともとは釣瓶《つるべ》井戸の水桶を手繰《たぐ》ることから来ています。井戸水をくむ際に、滑車を利用することで重さを軽くした桶を急いで手繰る様子を「滑車繰る」といい、転じて子どもたちが懸命に走る姿も「カッシャグル」というようになったようです。そこから、山車で懸命に演奏する姿もそう表現され、それが「シャギリ」という言葉に変わっていったのではないかと考えています。

楽器編成は、大太鼓《オード》1、小太鼓《コド》2、篠笛《しのぶえ》2で、鉦《かね》が6～10個くらいです。演奏の舞台は、山車の最上階にあります。上ってみると意外に高く、激しい演奏をしていると落ちたりして危険ではないかと心配になりますが、これまで怪我をしたという話は聞いたことがありません。祭り囃子の曲目は全部で一〇曲くらいですが、一般的に演奏されるのはそのうちの六～七曲くらいだといわれています。

祭り囃子に、「葛西《かさい》囃子[29]」というものがあり、曲目は三島のシャギリと同じものが多いのですが、テンポや曲構成は異なっています。そして、お囃子といえば京都の「祇園《ぎおん》囃子[30]」が有名です。これは一般に「コンチキチン」と呼ばれ、三島の「チャンチキ」と楽器やその構成は似ていますが、主役の鉦の大きさやテンポ、リズムが異なり、曲調も変わっています。

シャギリのなかで圧巻な曲といえば「屋台《やたい》」(31)でしょう。この曲は、音楽としての美しさというよりは、相手のリズムを壊すような、なかば暴力的で、それでいて演奏者、応援衆、見物衆を陶酔させる魔力のようなところが魅力となっています。

この曲を初めて聴く人は、ほかのシャギリと変わらないと感じるかもしれません。しかし、一度でも山車を曳いたり、祭りの熱狂に身を投げ入れてしまうと、いつの間にかその魔力に取りつかれてしまうのです。このような「競り合い」と呼ばれる演奏形式は、三島以外の地域ではちょっと考えられないでしょう。

見物衆を陶酔させるシャギリ

(29)　東京・葛飾地方に古くから伝わる郷土芸能（祭り囃子）の一つ。享保のころから葛西神社（当時は香取大明神）の神主・能勢《のせ》環《たまき》が、村内の若者に教えて祭礼で奏されるようになった和歌囃子（馬鹿囃子ともいう）。「打ち込み」「屋台」「昇殿」「鎌倉」などの曲目がある。

(30)　京都・八坂神社の祇園会《え》で山鉾の上などで笛・太鼓・鉦などで囃される。鉦は大型で、音も大きい。

(31)　三島夏祭りの「屋台」は葛西囃子の流れをくんでいて、リズムが激しいのが特徴。

この激しい演奏が、祭典委員長の合図とともに終わると、一瞬、無の世界に入ったような錯覚に襲われます。そして、「切り囃子」といわれるごく短い曲を山車の順番に演奏して、お互いの健闘を讃え合います。このあと、山車が各町内に帰っていくときに演奏される「戻り囃子」は、別名「鎌倉」といわれているものです。この静かな曲を聴き、祭りの余韻に浸りながら帰途に就くのです。

夏の風物詩である花火がなくても数十万の人を集める「三島夏祭り」のシャギリ囃子。そのトリを飾る、戻り囃子「鎌倉」の静かな曲調は、宴の終わりを彩るのにふさわしい調べです。

2015年８月16日の「三島夏祭り」

第10章 座談会——三島の未来

日時：平成二六（二〇一四）年六月一八日（水）
場所：三島市民活動センター四階
出席者（あいうえお順）
伊藤絵美（三島市役所産業振興部商工観光課勤務）
河田亮一（大社の杜みしまプロデューサー）
川村結里子（三島バル実行委員長・結屋代表）
鈴木征行（三島若者元気塾塾生）
スプリチャル・修平＝ルイス（グラウンドワーク三島所属）
司会：河合龍明（三嶋暦の会会員）

三嶋暦の会で活動していると、三島のまちで地域活動などに取り組んでいる若い人たちに出会う機会があります。彼らと接していると、「年配」の者には想像もつかない新しい発想で、三島のこれからのことを視野に入れて行動していることに気付かされます。少子高齢化への対策、地方の活性化など、彼らが直面する課題は私たち前世代がやり残した問題ともいえます。元気な若者たちがもつ「わがまち三島」、その未来像を聞いてみました。

三嶋暦で三島をアピール

司　会　伊豆国一宮である三嶋大社の門前町として栄えてきた三島のまちは、近年もさまざまな環境づくりをしています。その取り組みは目覚ましく、平成一九（二〇〇七）年の「優秀観光地づくり賞」で金賞総務大臣賞を受賞し、全国でもっとも「歩きたい街」に選ばれました。そうしたなか、本日は三島のまちづくりを引き継ぐ二〇代、三〇代の若者たちに集まってもらいました。まず、自己紹介をしていただきましょう。

川　村　川村結里子《ゆりこ》です。東京都杉並区の出身で、現在三島市に住んでいます。イベント企画や広報・ＰＲなどの会社を経営しています。

伊藤絵美さん

スプリチャル　スプリチャル・修平＝ルイスです。父はアメリカ人、母は日本人ですがアメリカ生まれです。育ったのは福井県で、現在ＮＰＯ法人グラウンドワーク三島(1)で働いています。

伊藤　伊藤絵美です。三島市の出身で、三島市役所の商工観光課に勤めています。

鈴木　鈴木征行です。伊豆の松崎町(2)出身で、現在は東京のＩＴ関連の会社に勤めています。三島若者元気塾(3)で活動しています。

河田　河田亮一、三島市出身で市内の加和太《かわた》建設に勤務しています。

鈴木　私が活動している「三島若者元気塾」は、平成二三（二〇一一）年に豊岡武士三島市長が提言され、立ち上げたプロジェクトです。市長は、「三島の若い人たちが元気になることで、三島が活気のあるまちになるのではないか」と考えたわけです。プロジェクトの立ち上げ後、

（1）一九九二年、市民・行政・企業のパートナーシップで水辺の自然環境を再生・改善することを目的に設立された。源兵衛川の川辺環境改善、蓮沼川ほたるの里事業、三島バイカモの回復事業などを手がけ、イギリス、韓国などとの協同事業も展開している。

（2）静岡県・伊豆半島の南西部の海岸沿いに位置する町。町のキャッチフレーズは「花とロマンの町」。松崎温泉、大沢温泉、岩地温泉、石部温泉、雲見温泉がある。史跡も多く、旧岩科学校は重要文化財。烏帽子《えぼし》山山頂にある雲見《くもみ》浅間神社の御祭神は磐長姫《いわながひめ》。漆喰《しっくい》の鏝絵《こてえ》で有名な長八美術館がある。

（3）二〇一一年に、主体的に考え、行動する元気なリーダーの養成を目的として設立された。年度ごとに塾生を募集。参加費無料で年六回程度の講座を開講している。

三島を知るための講座を開いたり、学習することからはじめました。

三年目にあたる平成二五（二〇一三）年度は、三島のまちの活性化について改めて問い直す活動をしてきました。講師を招き、グループでディスカッションをした結果、「三嶋暦」を題材に地域活性化を図ろうということになりました。ここに持って来ましたが、現在、三嶋暦を模様にしたＴシャツやうちわを考案中です。

さらに「活性化とは何か」というディスカッションをしたのですが、その結果、「まちに人が多いこと」や「まちに来る人を増やすこと」という考えに至りました。そのための方法として、三島の子どもたちに対しては郷土愛を育くむような環境をつくること、そして三島に来る人が増えるような仕掛けを考えるという二本柱を考えました。

小学生に郷土愛をもってもらうためには、まず三島をよく知ることが必要です。そこで三島を学ぶ教材として、鎌倉時代から摺暦《すりごよみ》という独特の手法を考案して頒暦《はんれき》してきた「三嶋暦」が格好の歴史教材になると思いました。歴史があるというばかりでなく、三島にしかないものだという特性もあります。

三島若者元気塾のスタッフのなかには教師もいます。彼らに話を聞くと、市の教材に三嶋暦は盛り込まれていないということでした。そこで、郷土史を学ぶ教材に三嶋暦を盛り込んでいくという課題も見えてきました。

川　村　私たちは「三嶋柄《がら》」というものを考案して活用しています。これは、私が所属している三島商工会議所青年部によって考案されたものです。活動をはじめたのは平成一八（二〇〇六）年からです。

最初は三嶋暦と三島茶碗の勉強をしたのですが、これらは三島にある宝のようなものだから、みんなで共有していこうじゃないかということになりました。そんななか、三嶋暦に模様が似ていることからそう呼ばれるようになった「三島茶碗」の柄に注目して、この柄を現代風につくり替えて独自の三嶋柄を誕生させ、「柄のあるまち三島」を知ってもらい、広めるべく活動を進めてきたのです。

ここに見本がありますが、用いられている柄は三島茶碗にあるような古典柄のほか、三嶋大社やシャギリなどがモチーフになっています。古典柄一〇種類と現代柄一〇種類を新しく三嶋柄として認定しています。三嶋暦を

三鏡宝珠形をモチーフにした三嶋柄（上から三番目）

イメージした柄をつくるときには、三嶋暦の会の人たちとも何回か話し合いをもちました。

鈴　木　三嶋暦の文字や線はとても繊細なものです。この線と文字を、ここではあえて「模様」と呼ばせていただきますが、室町時代に京都の貴族らが茶席で使用した茶碗にこの模様とよく似た柄の茶碗があって、「三島手」と呼ばれていたということを知りました。私たちは三嶋暦師の館に現在も残されている版木を刷って、それをそのまま生かしたデザインの包装紙でお土産品を包んで持ち帰ってもらうことができないだろうか、と考えています。

川　村　私たちが行っている三嶋柄の活動は、三島の風土・文化を柄に落とし込むというもので、鈴木さんたちの活動と考え方は同じじゃないかと思います。その部分でコラボできたらいいなと、お話をうかがっていて思いました。

川村結里子さん

伊　藤　みなさんの話とは少し趣旨が違うのですが、現在、一番頭を悩ませている問題は「三嶋暦師の館」の老朽化（築約二〇〇年）です。館は、国の登録有形文化財(4)なので、修理するには文化庁への申請が必要となります。また、観光施設という位置づけにあるので、来館者数を増やさなければいけないという課題もあります。さらに、館の屋根は歴史があるもので、今の瓦をそのまま使おうとすると修理に一五〇〇万円以上はかかるそうで、国の補助金などがなければ全体の修理は難しいのです。三嶋暦関連の商品を販売して、その収益の一部を修繕費に使用することができれば、まち全体で館を守っていける仕組みができます。そのような形で商品をつくって販売することを、ぜひ進めていただければと思って聞いていました。

鈴木征行さん

三島ならではのものがほしい

鈴　木　一つお聞きしたいのですが、先ほど三嶋暦をモチーフにTシャツやうちわをデザインしているところといわれましたが、みなさんは新しい企画を立ち上げるときに、まちの人の声をどうやって取り上げてきましたか？

川　村　アンケートを取ったりしました。学生インターンを受け入れたときに、学生たちに商店

（4）　戦後、破壊される事例が相次いだ近世の民家建築や近代の洋風建築、美術工芸品の保護を目的に創設された文化財登録制度に基づき登録された有形文化財。建造物部門と美術工芸品部門がある。

街を回ってもらい、「地域のお土産品は何がありますか？」と聞いてもらったことがあります。

鈴　木　私たちもイベントの一環で、「こういうものをつくったらどう思われますか？」というアンケートをしました。そのなかで、高齢者の方から「みしまコロッケといったように食べ物はあるんだけれど、少し改まって友人へ贈り物をするときに適当なのが見当たらないんだよね」という声が数多く聞かれました。三島ならではのもの、というニーズは大きいようですね。

川　村　三嶋柄も、一つにはそういった要求をふまえての発案なんですが、それも含めていろいろなものを今後はつくっていきたいと考えています。

鈴　木　三島若者元気塾も、そういうところを意識して商品企画をしていこうと第一歩目を踏み出しているところです。

川　村　その三嶋暦を模様にしたうちわは、いいなと思います。

鈴　木　以前、さわじ作業所(5)とコラボさせていただいたとき、「竹を加工する機械を買ったので、何か製品をつくるのならこの機械

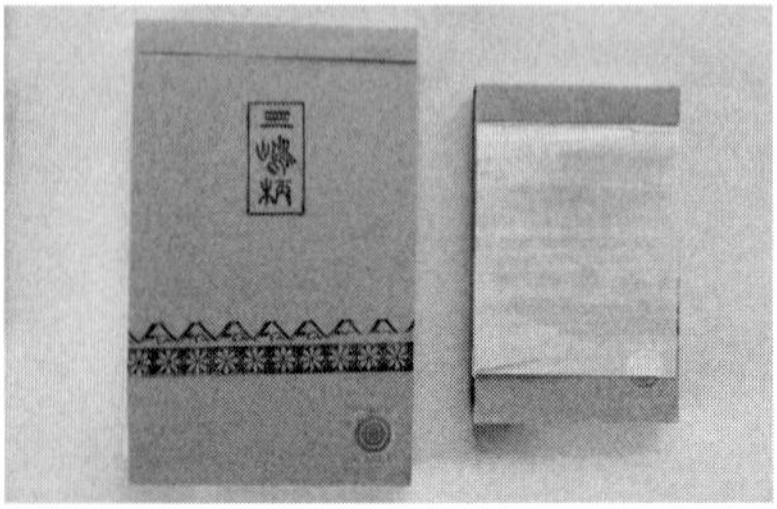

さわじ作業所とコラボのKIZARA（左）とメモ帳（右）

を生かしてほしい」といわれてうちわやKIZARAなどを試作しました。三嶋暦の模様や三島柄を一部切り取ってモチーフにしています。

川　村　製品化されたらすぐに売り出したいですね。うちわは、値段を付けるとしたら一〇〇〇円位かな。少し高いという感じがあるかもしれませんが、作業代は回収しないといけないですよね。作り手と売り手と買い手が納得できる値段を付けなければ、持続しにくいと思うんです。

鈴　木　そうですね。経営を持続させるということは、すごく努力が必要なことだと思います。私たちにとっては、つくるだけでなく持続させていくノウハウをもつことも大事です。

新感覚の広場「大社の杜《もり》みしま」

河　田　私は建設会社で仕事をしているのですが、地域でしっかり事業を継続していくためにもこのまちを元気にして、人を増やしていくことが大事だと思っています。そこで、そういったまちづくりの活動と、会社を継続させていくことを重ねて考えていきたいと思っていたところ、

(5)　三島市内にある「三島市障がい者就労支援きょうどう隊」に属する。「きょうどう隊」への加盟事業所は一〇事業所があり、それぞれが独自の作業に携わっているが、さわじ作業所では、木工、下請け、園芸、縫製などを行っている。

たまたま三嶋大社の向かいに土地を所有する方から、まちの活性化のためにそこを使ってほしいというお話をいただきました。その土地をどう活用していったらいいかと考えたとき、「大社の杜みしま」(6)に辿りついたわけです。

これは、まちの活性化と建設業界とがどのようにつながっていくのかということを考えるよいきっかけとなりました。三嶋大社の参詣者が年間およそ三〇〇万人もいるのに、三島は門前町としての活気がありません。大社の杜みしまというのは、こういった現状をなんとかしたいという気持ちと、そこに人が集まることで三島のまちを知ってもらうよいきっかけの場にしたいということからつくられた空間です。

現在、一八店舗が入っていますが、それぞれの店舗がいろいろとチャレンジをしたり、外から来た人たちがイベントを企画して交流する、そんな場所になっているんじゃないかと自負しています。

大社の杜みしまの入り口

大社の杜みしまのテラス席

川　村　大社の杜みしまでは、私も「シカ小杜《ごや》」というブースをもったり、イベントを開催したり、三島市をはじめとして静岡県の各地から、名産品やお土産品を集めて販売したりしていました。今後もそういった機会を通じて、いろんな方へ三島らしさを伝えていくことにつなげられればと思っています。

また、平成二一（二〇〇九）年から、「三島バル」というイベントを行っています。もともとは函館ではじまったイベントなのですが、三島でも現在までに六回開催しています。第六回目（平成二六年）の参加店舗は一一九店舗で、三〇〇〇人くらいのお客様に来ていただきました。

五枚綴りのチケットとマップを片手に、ここぞと思った店をはしごしてもらって、お気に入りのワンドリンク、ワンフード、お土産などに引き換えていただきながら、散歩気分でまちを

（6）平成二六（二〇一四）年、三嶋大社前にオープンした、一八のショップが入る裏路地風商業施設。コミュニティ重視の参加型、支援型の創造空間で、コンサート、古本市などのイベントも開かれている。

第6回三島バルのパンフレット

楽しんでいただくというイベントです。参加いただく方が地域の魅力を再発見したりする機会にもなっています。また、お店同士の横のつながりが生まれたりと、若手のお店中心に「三島を元気にしよう」という気持ちが生まれてきて、よい流れができつつあるように思います。

スプリチャル・修平＝ルイスさん

三島のＮＰＯはグラウンドワーク三島から

スプリチャル　市内を流れている源兵衛《げんべえ》川が、一九六〇年代の高度経済成長期のころから次第に湧水量が減り、ドブ川化していくのを見て、「これではいけない」ということで有志が川を清掃したところからグラウンドワーク三島の活動ははじまっています。それが平成四（一九九二）年のことです。そのうちに、団体や企業、市役所などが手を挙げてくれて、連携して環境再生活動を行うようになっていきました。

　その後、もっと地域をよくしていこうということで、境川（三島市と駿東郡清水町の境を流れる川）の自然観察園清住《きよずみ》緑地、三島駅の北にあるみどり野ふれあいの園（東壱町田《ひがしいっちょうだ》）などの市民が造って管理している公園や、長伏《ながぶせ》小学校・中郷小学校・三島南高校などにビオトープを造りました。

また、南本町に腰切《こしきり》不動尊というお不動さんがあります。伊豆箱根鉄道駿豆《すんず》線の三島田町駅に近く、以前は縁日がとても賑やかで、とくに五月二八日の大祭では子供相撲が盛大に行われていましたが、いつの間にか祠《ほこら》の扉が閉ざされ、井戸も使われなくなりました。そこで、埋まっていた古井戸を掘り出し、平成一一（一九九九）年に四〇年ぶりに祭礼と子供相撲を復活させました。このときに、地域の人たちや日本大学の学生たちと協力関係を築きました。

さらに、「三島街中カフェ」を開店し、一号店から三号店までが現在営業しています。一号店は、主に有機栽培野菜の販売と箱根西麓三島野菜を使用したお惣菜の販売、そして三島の特産品を販売しています。独り暮らしのお年寄りに好評です。二号店「ZEROGO－ME」は一号店の近くにあって、女性のファッション用品、洋服とか化粧品などを扱っています。「ZEROGO－ME」という店名は、店の脇を入った所に浅間神社があり、ここが三島の富士登山の出発点である「零合目」だったということにちなんだものです。そして、三号店の「せせらぎ源兵衛」は、源兵衛川に架かる広瀬橋のたもとにあります。こちらは軽食や飲物の、文字どおりカフェをやっています。その収益は公益的な活動に役立てる仕組みづくりに使っています。

鈴木　さすが、長い活動歴をもつグラウンドワーク三島ですね。いろいろな活動をされているみなさんに、私たち三島若者元気塾へ講師として来ていただいて、話をしてもらうのもいいですね。三島若者元気塾は、リーダーや人材の育成を活動の目的の一つとしていますから。また、塾生も募集中です。

川　村　いろいろな人がさまざまな活動をするようになってきていますよね。でも、お互いが交流する機会というのはそんなにあるわけではなく、私も今回初めて三島若者元気塾の方に会えました。グラウンドワーク三島とは以前からお付き合いがありますが……。また、所属している三島商工会議所青年部など特定の団体とはつながりがありますが、そこから一歩外に出るとなかなか機会がありません。こういう横のつながりがあると、何かが生まれやすい環境ができるのではないかと思います。

せせらぎ源兵衛

人との出会いを観光資源に

司　会　江戸時代、武士は諸国を漫遊し、立ち寄った茶店で立派な身なりの武士がいるとその人に教えを請うたといいます。私は、そういう気軽にものを教えてもらえるような場所をつくりたいと考えています。三嶋暦師の館へ行けば歴史の話が聞ける、そのほかにも、英会話ができる所、物理や数学に詳しい人がいる所など、子どもたちが気軽に話を聞きに行けるような環境があればいいと思っています。

川　村　私は東京からの移住組なのですが、三島に来て漠然とですが、ここにはいい人といい場所があるなあ、歴史もあって素敵な所だなあと思いました。

鈴　木　昨年、三嶋暦をまちおこしに使おうというところに行きつくまでに、私たちもいろいろと考えました。先人を含め、三島には素晴らしい人がたくさんいます。外から来た者には、それがよく見えます。私は社会人として暮らしはじめた最初のころ、東京と神奈川に住みました。今度こちらに戻ってきて、社会教育が充実していることもあるからなのか、住んでいる人たちが社会参加する際の姿勢のよさを感じることができました。

子どもたちがいろいろな人たちに気軽に話を聞きに行ける環境という話が出ましたが、そういった所をまちの至る所につくっていき、人と出会うことを観光資源にできないかと考えました。人に会いたくて三島に行くのです。

私は松崎町の出身ですが、松崎といえば「なまこ壁」(7)です。なまこ壁は全国どこにでもあります。でも、三嶋暦はここにしかありません。しかも、暦師の末裔がまだいらっしゃる。それを生かしながら、あとは市民の人柄など、そういう部分も含めて三島のまちを好きになってもらい、来てもらうというのが一番の理想だと考えています。

伊　藤　よく三島は、市民力が高いといわれます。その根底には、石油コンビナート進出阻止住民運動(8)があります。全国的にも知られるこの運動が、市民力が高いといわれるきっかけになっているのです。三島で市民活動をする場合、それまでの人生で学んできたことを生かせる場所が一つではなく、いろいろと選べるのも強みかなと思います。

子どものころの想い出とともにある三島

鈴　木　今は、三島のことが好きだったとしても、社会的な事情などで帰って来られない状況なんです。私も以前は神奈川へ出向していたのですが、一度希望して三島に帰してもらいました。でも、結局仕事がないから、六か月くらいでまた東京に戻ることになりました。

おそらく、帰って来たいと思っている人はたくさんいると思うんです。だから私たちは、そういう人たちが帰って来られる場所をつくらなくてはいけないと思っています。「起業」ということも考えました。しかし、三島でやりたい気持ちは強いんだけれど、ここではその仕事ができないとなると、やはり東京のほうがいいということになってしまいます。

伊藤　三島から品川までは新幹線だとおよそ四、五〇分で行けるので、かなり多くの人が三島から東京に通っています。東京で仕事をして、平日の夜や週末は三島でリラックスする。そんなメリハリのある住み分けもあるのではないでしょうか。

私は三島で育ちましたが、多くの友達が源兵衛川やこのまちをすごく好きだといっています。しかし、三島で育った子どもたちが大人になり、他のまちへ出て、それから三島に戻ってきても、三島のまちのことを知っているかというと、それほど知らない。だからといって、まちのことを知るために積極的に行動できる人はなかなかいません。

（7）平瓦《ひらがわら》の継ぎ目を漆喰でかまぼこ状に盛り上げてつなぎ合わせた、土蔵などの壁塗りの様式の一つ。松崎町では薬問屋だった近藤邸の壁などが残っている。

（8）一九六三年、三島地区に石油精製工場、駿東郡清水町に石油化学工場、沼津市牛伏《うしぶせ》に火力発電所を建設するという石油コンビナート建設が計画された。二市一町の住民たちが公害問題の深刻な三重県四日市市などの見学を行い、学習会を開き、公害被害の実態を学んだ。一九六四年五月に三島市が反対を表明、同年九月には沼津市が進出拒否を表明、翌年一〇月に清水町に会社側から進出断念が伝えられた。

「三島を好きだ」という郷土愛の第一ステップは根付いてきていると思うので、次のステップを仕掛ける時期なのではないかと考えています。

「大人の郷土愛」とでもいうのでしょうか。大社の杜みしまのようなおしゃれスポットには若者が集まります。そこで三島の魅力を発信していくことによって、「三島のまち」を意識するきっかけづくりができる。きっかけは受動的でも、「おもしろい」と興味をもてば能動的に動く人が多くなると思います。それをうまく生かして大きな仕組みにしていけば、三島のまちが盛り上がっていくのではないでしょうか。

河　田　そうですよね。「三島を知れ」とか「三島のここが素晴らしいんだ」という伝える側の気持ちはわかるのですが、受ける側はそんなふうに考えるわけではありません。子どものころに誰それとここで過ごしたとか、こんな経験をしたとか、小さいころの思い出があるし、自分が育ってきた所だから好きなんだと思います。

で、大人になったときに、なぜそういうものがあったんだろう、なぜこういう川があったんだろうということを何かのきっかけで知ります。グラウンドワーク三島がこの川をきれいにしてくれたんだとか、昔は汚い川だったんだよ、ということを初めて知って、そこでさらに好きになります。そういうことが、何か三島に関われることがあればやってみたいなー、と思うきっかけになっていくんだと思います。

押し付けではなく、知ってもらうきっかけをどのようにつくっていくかが、すごく大事なんだと思います。そういうきっかけを与えるためには、どこを目指すのかということだと思いますが、入り口としてはおしゃれで楽しそうだ、という程度のほうが入ってくる人のハードルが下がるし、大勢の人が来るきっかけになると思います。

僕は広く伝えたいと思っているから、大社の杜みしまのかたちになりました。それを問題意識のある人に深く伝えたいということであれば、また別の仕様になるんじゃないかな。お土産もそうだと思います。若い人が東京へお土産を持っていくとき、果たして三島のものを持っていくのかな？　と考える。それは花束かもしれないし、おしゃれなコップかもしれないし、ワインかもしれない。誰が、どこに、どんなシチュエーションで持っていくのかを考えたときに、三島をアピールできる商品が出てくるんじゃないでしょうか。

スプリチャル　私が三島に初めて来たのは三年前で、住みだしてからは一年ほどになります。きっかけは、やはり「人」ですね。なかでも一番大きな理由は、グラウンドワーク三島で事務局長をやっている渡辺さんが大学の先輩だったことです。

河田亮一さん

初めて来たとき、すごい活動をしている団体があるから、ぜひ勉強させてもらおうと思ったんです。一年間活動している間に、「源兵衛川が好きで三島へ移住してきたんだ」という人にずいぶんお会いしました。たいていが、まだお子さんが小さくて、子育てをこういった環境でしたいと思っている人たちでした。

新幹線が停まるまちなのに、小さな子どもが安心して遊べる環境がある。子どものころに川へ入って生き物を網で捕まえた、という経験を大人になって人は思い出します。そういえば、ああいう遊びをしたよなあ、懐かしいなあ、という郷土愛が三島では育まれるだろうなと思います。僕も、生まれた福井県ではよく川遊びをしていたので、親近感というか、三島にも遊べる川があるんだ、とふと故郷を思い出しました。

鈴　木　確かにそうですね。新幹線からのアクセスがよい所なのに、子どもを安心して遊ばせることができます。自然も多いし、都内よりもかなりよい環境だと思います。親だったら当然そう思うんじゃないでしょうか。東京―三島間は新幹線で五〇分くらいですが、在来線で東京に通勤している人たちのなかには、千葉や埼玉から同じくらいの時間をかけて通っている人もいます。新幹線通勤では座って快適に時間を過ごしますが、在来線での通勤者たちは、同じ時間を満員電車に詰め込まれていくので、それだけで疲れ切ってしまうという人が多いと思います。

地方都市三島でこそ仕掛けたい

司　会　三島は一一万都市です。もう少し大きな都市で力を発揮したいと思うことはありませんか？

川　村　地方は地方で楽しいと思います。東京のような都市とはまた違う楽しさや魅力がありま す。東京は人も文化も刺激も教養も溢れていて、それはそれでいいのでしょうが、私は三島の、東京とは違う魅力を楽しんでいます。だからこそ、ここで何かを仕掛けたいという気持ちになれるんです。

もしかして、仕事場とベッドタウンというふうに二極化していくかもしれませんが、都会とは違うコミュニティのかたちを考えたいです。移住してきて、わざわざ山奥の別荘地に住む人もいたりするので、二極化がマイナスとは一概にいえないと思います。

鈴　木　疲れちゃうんですよね、都会って。生活のスピードは速いし、三島と比べて多様な国籍の人が生活をしていたり、仕事をしています。そこで、彼らに負けないという気持ちで努力をし、あまり好きでもない勉強を一生懸命するようになる点はいいのですが……。

司　会　三島以外の所に住みたいと思いますか？

鈴　木　旅行に行った先ではいつも思いますよ、ここに住んでみたいって。だけど、その旅行を終えて帰ってくると、やはり三島はいいなあと思います。友達がいるってこともあるからですが、やっぱりいい所だっていう思いを新たにします。実家が松崎であるにもかかわらずです。

河田　松崎を活性化したいとは思わないですか？

鈴木　もちろん、そういう気持ちはあります。三島を足掛かりに、ここでつないだ人との関わりを松崎へもっていけたらとは思います。でも、やはり松崎にはマーケットがないんです。

河田　きっと三島に住まない三島出身の人たちも、同じようなことを思っているんだろうと思います。三島は好きなんだけれど、マーケットが小さいし、仕事もないと。

鈴木　その一方で、可能性はすごくあると思います。農業の話でも、ここの野菜を早朝に採って、朝八時か九時には新鮮なまま東京のレストランで出せるような所ですから。そういう産業は伸ばせるんじゃないでしょうか。

企業誘致

司会　三島の未来について考えていることを語ってください。

鈴木　人口が増えるといいと思います。とくに、若い世代が増えていくのが一番うれしいですね。だからといって、ベッドタウンというイメージはないんです。今以上に若い人たちがいて、学生も社会人も元気に働いているまちがいいと思います。人口が減少すると、市役所の職員も削減せざるを得ないでしょう。地元での働き口の代表として市役所の職員を考えると、人口が減少し市役所の職員が減少すると市役所が創出する仕事が減って、働き口がなくなるという悪循環になるのではないでしょうか。

伊藤　市では現在、積極的に企業誘致をしています。定住人口を増やそうという課題に対しての取り組みのひとつですが、このほかにも、三島をＰＲして子育て世代に引っ越してきてもらおうといった取り組みをしています。

鈴木　企業誘致ができれば、市としてはいろいろな難題が一気に解決するように思われがちですが、企業の都合で簡単に海外に赴任ということもあると思うんです。だから私は、小さくてもよいから自分たちの力で何かできることはないか、と考えたいですね。

河田　都市の規模としては、人口を二〇万人にしたいですね。日本の総人口が約一億二〇〇〇万人です。そのうちのたった一〇万人を増やすために、全国の人に知ってもらう必要はないと思うんです。そこで、三島の魅力を、誰にどういうふうに伝えたらいいのかを考えたりします。仮に大企業を誘致できたとして、果たして今の三島がもっている魅力を残したまま、まちを活性化することができるのだろうか、と思います。大きな企業があまりない現在でも、市民が一つずつまちのよさをＰＲしたり、まちのためにと思いながら活動していることが三島の魅力だと思います。

それと僕は、ベッドタウンになってしまうことも悪い面ばかりではないと思っています。三島から通勤する人の子どもは、ここで育ちます。そうした家族のなかには、週末だけでも楽しく過ごせることが魅力だという人もいると思うので、そういう人たちを増やすことだってよいのではないでしょうか。二〇万人というのは未来の話ですけど、そのためにやるべきことは、三島の魅力をしっかりと知って、一緒に行動する人を増やしていくという地道な行為なのではないでしょうか。

鈴　木　本当にそのとおりだと思います。アップルの創業者であるスティーブ・ジョブズのようなヒーロー的な人がいますが、普通、そんな飛び抜けた才能をもっている人ってそうそういないと思うので、地道に自分ができる一歩を踏み出していくことだけが、未来につなげる方法じゃないかと思います。

河　田　行動を起こす際には、誰に喜んでほしいかというところを明確にしておいたほうがよいと思いますね。私の場合は、二〇万人に増えたとき、若い、子どものいる女性が楽しめる場所をつくりたいと思っています。

教育の問題もそうです。仮にお父さんが県外に通勤していても、素敵な環境と教育制度がしっかりしていれば、ここに住みたいと思う人が増えるんじゃないでしょうか。教育といっても進学率の問題ではなくて、いろいろなカリキュラムが三島市内の小学校、中学校にあるということになれば、多様な分野を自由に学ぶことができます。これは、いずれ実現したいと思っていることです。

伊豆半島を一つの市に

司　会　伊豆半島全体で人口は四二万人くらいです。合併して大きくすることについてはどのように考えていますか？

川　村　まず、何のために合併するかを考えたいですね。ただ広くしても、結局それ以前にあった自治体のなかでそれぞれが動いて、一緒になった意味が見いだせないという話が多い気がします。最終的にそこに住む人たちが幸せになれるのかというところまで考えると、策としてはどうなのかと思います。

鈴　木　広域での活動ということでいうと、天城《あまぎ》（伊豆市、伊豆半島の中央部）には耕作放棄地があるので、それならやりたいという人が三島にいます。このような話をよく聞きます。

スプリチャル　十分リサーチしているわけではないのですが、みなさんがやりたいというのは市民農園のようなもので、週末だけでいいから、農地を借りて農業をしたいという人が多いんだと思います。グラウンドワーク三島は農業にも力を入れていて、農地を農家の方から貸してもらって御園《みその》（三島市の南部）や箱根西麓で営農しています。箱根西麓では六反《たん》（約六〇〇〇平方メートル）の畑と、二反五畝《せ》（約二五〇〇平方メートル）の畑を耕しています。ここで一〇年間、そばをつくり続けています。「そばつくり隊」を結成して、種まきと収穫、そば打ち教室を開講しています。そのときには食べきれないほど打つので、毎年街中カフェで年越しそばを販売したり、乾麺にして販売しています。この営農は、市内の耕作放棄地対策とか、担い手不足を解消するためという意味合いもあります。

川　村　生活をするなかで、行政区に縛られる感覚は住民にはあまりないと思います。買い物をするにも、出掛けるのにも、行政区の括《くく》りで動いている訳ではありませんよね。

鈴　木　伊豆半島全体が一つの市になると、箱根西麓三島野菜を使っていた三島市の店も、今度は天城ブランドの野菜を使ってみようという話になるかもしれません。「地元」の野菜が増えるんですから、可能性が広がります。それは楽しいことだと思います。

司　会　私は、伊豆国二〇〇〇年の歴史を調べたことがあります。五〇年先一〇〇年先を考えて、伊豆半島を観光立国にするというのはどうですか？

鈴　木　現在、東京が繁栄しているのは、徳川家康が江戸に幕府を開いたからではないですか。長い年月をかければできることと、今やらなくてはいけないことがあるでしょう。そういう意味でいえば、長いスパンで見ることはよい話だと思います。

司　会　過去・現在・未来を点と線でつなげて、木を見て森を見る、森を見て木を見る、そういう思考をもたなければいけないんじゃないでしょうか。

川　村　県とか市の境は、馬で行ける範囲で区切ったらしい、という話を聞いたことがあります。昔と違って、道路や交通網が整備されたなかで商売や生活が成立しているうえに、さらに新しい道路ができ、マーケットも変化していく。そうなると、今あるかたちとは違ったまちができていく可能性もあるのかな、と思いました。未来には、現時点で見えていない、想像を超えた生き方があるかもしれませんね。

三島での生活

司　会　三島に定着したのは、どういった理由からですか？

河　田　まずは、勤めている会社が実家だから、ということがあります。三島には、ある選択をして残ることにしました。だから、東京のような大都会で仕事ができなかったことを後悔したくないので、どこにいても大きなことができ

河合龍明（司会）

るんだ、と常に思っています。それは、自分が選択したことが正しかったと思いたいからです。

司　会　三島は、夜七時には店が閉まってしまいます。平成二五（二〇一三）年には沼津の大手デパートが撤退しました。みなさんは買い物をするとき、どこへ行きますか？

伊　藤　何を買うかによりますが、多くの選択肢から選びたいときには東京や静岡へも行きます。

川　村　実家が東京なので、東京へ行ったりもしますが、あとはネットを使います。日常のものなんかはこの辺りですね。

スプリチャル　ネットも使いますけど、やはり東京ですね。

鈴　木　もっぱらネットですね。

河　田　東京です。お中元やお歳暮などは、地元の小売店を利用しています。

川　村　これまでの商店街では、七時には閉まるという不便さがありました。でも、路地に入ると遅くまでやっている飲食店もあって、若い店主が頑張っていたり、新しいパン屋ができたりしています。それでまた生活が豊かになったりします。大社の杜みしまも含めて、少しずつそんなスポットが増えています。

河　田　営業時間を一〇時までに延ばしてもらっても、店舗が対応しきれなくて無理をすることになるということもあるんじゃないでしょうか。

川　村　いきなりドラスティックに変わっても、衰退するのが早いと思います。小さなことの積み重ねの結果が、まちを豊かにしていくような気がします。

司　会　高齢化対策については、何かプランがありますか？

川　村　グラウンドワーク三島で活動されているボランティアの方は、みんな元気で生き生きと働いています。三島市ふるさとガイドの会にしても、三嶋暦の会にしても、自分が活躍できる場所をそれぞれが見つけて貢献しています。これからも、いろんな人たちにもっと活躍の場をつくる仕掛けを考えたいと思っています。今までは家にこもっていたけれど、現在は店頭で働いています、というのが理想ですね。

スプリチャル　同感です。高齢者の方はさまざまな特技をもっているし、多くのことを知っています。私たちは、そういう人たちが小学生に教えるという環境出前講座を開講しています。環境保全を学ぶときには源兵衛川へ行き、生き物の観察をします。自然を知ることで環境によいことを創出するのです。みなさんインストラクターなんですが、六〇歳を過ぎた人たちです。再就職が難しいなかでも、家にじっとしているような状態をなくそうという取り組みです。

伊　藤　行政としては、健康寿命を長くすることに取り組んでいます。高齢になっても生き生きと生活できる場所をつくることが必要だと考えます。

鈴　木　増田レポート(9)では、二〇四〇年になると五〇〇以上の自治体がなくなると予測していますが、少子化は高齢化に直結しているような気がしています。若い世代が、夫婦二人で子ども

コラム④　源兵衛川《げんべえがわ》の生態系

水の都・三島のシンボルとして親しまれているのが源兵衛川です。かつての源兵衛川は、家庭排水が原因で大変汚れていたのですが、多くの人の協力で清らかな流れが蘇りました。それからは、「富士の白雪ゃノーエ、白雪ゃ朝日にとけて、とけて流れてノーエ、三島にそそぐ」（一部アレンジ）と歌われるように、三島のまち中に清い流れとなって、春夏秋冬の美しい景観をつくっているのです。

ここで生命をつないでいる生物は、確認されただけでも魚類が約９種、水辺の生物約30種、水辺の植物約240種、野鳥類約32種という多さになっています。

三島ブランドの植物のミシマバイカモ、ミシマサイコ、ミシマザクラが水中と岸辺で咲き競い、瑠璃色の小鳥・カワセミが間をぬって飛びすぎていきます。絶滅危惧種のホトケドジョウにはもっと増えてほしいものです。

１年を通して水温は概ね16℃で、夏には大気との温度差が微風を呼び、その居心地のよさに人びとが憩い、小さな生き物が自由に動き回っている生物多様性空間なのです。

ホトケドジョウ（写真提供：グラウンドワーク三島）

源兵衛川のカワセミ

一人だと確実に二分の一になりますよね。そちらのほうが気になります。子どもを増やすことを考えるべきではないかと思います。

これからも、高齢者がずっと社会を支えられるという訳ではありません。高齢者のなかにも、家にいて孫の相手をすることが生きがいという人もいるし、趣味や知る機会を探して生きがいを見つける人もいるでしょう。高齢者の現実に対して、「生きがいをもちましょう」などと市があれこれしているのは、ちょっと違う気がします。

市民と行政は協力の関係でありたい

司会　行政に対して、何かいいたいことはありますか？

河田　いい方は悪くなりますが、それほど期待はしていません。それに、できない理由を行政のせいにすることが多い気がします。行政がどうとかでなく、自分ができる範囲のなかでやるべきことをやっていきたいと思います。そのためには、自分自身が力を付けていかなければい

(9)　日本創生会議・人口減少問題検討分科会が発表した報告書。推計で、二〇四〇年には全国約一八〇〇市町村のうち五二三市町村では人口が一万人未満となって消滅する恐れがあると予測している。東京大学公共政策大学院客員教授の増田寛也氏が座長を務めたので「増田レポート」と呼ばれる。

けないと考えています。行政にお願いするとしたら、一緒に寄り添ってほしいということです。行政も私たちも目指すところは一緒でしょうから、そのときどきで協力し合えればよいのではないでしょうか。

川　村　私も河田さんの意見に似ています。こうしたいというときに、協力してもらえたらと思います。そうすれば可能性が広がります。これまでにもそういうことは何回かあったので助かっています。

スプリチャル　グラウンドワーク三島は、行政とはよい関係を築いていると思います。

鈴　木　私は、三島若者元気塾で、自分ができることってこんなにたくさんあるんだ、という勉強をさせてもらいました。今、こうしてみなさんと話をさせてもらっていること自体が、一年前では想像もできなかったことです。そうしたなかで一つだけ思うのは、市が取り組むというのはやっぱり大きいということです。行政が企業を誘致する際に、もしそれが三島のよさを失わせるようなものであれば市民は「NO」といえばいいし、そうならないように、市は責任をもってやってほしい。市が取り組むことは、市民全体に大きな影響を及ぼすわけですから。

伊　藤　私は、市役所に入って六年になります。そのなかで感じたのは、市民の考え方というのは市民の数だけあるということです。それほどいろんな意見があります。それはみんなで何かをやる場合、強みになるときと弱みになるときがあります。民間で盛り上げていただいて、市はできることを可能なかぎり協力していく、協力し合っていくというのが、互いの強みを一番生かして弱みを補え合える方法ではないかと思います。

司　会　本日は有意義なお話を聞かせていただき、ありがとうございました。三島のまちの発展のために、ますますのご活躍を期待しています。

あとがき

奥の深い暦、一度関心をもった人はなかなか抜けられないともいいます。それは、暦の間口の広さを示しているのかもしれません。

今回、三嶋暦を紹介するにあたり、1部と2部において、旧暦の仕組みと実際、暦家の来歴と暦家をとりまく世界、工房としての暦家を説明してきました。しかし、当然のことながら、これで暦のことを語り終えたとはいえません。本書で説明した以外にも、天体・宇宙への目線、人生儀礼の際の神社への参拝、占い事、文学作品など、挙げきれないほどにあります。そうではありますが、日本人の誰もが暦を身近に感じるのは、なんといっても春夏秋冬、月々の行事のときではないでしょうか。

一月の七草、二月の節分、三月のひな祭り、五月の端午の節句、六月の田植え、七月のお盆、八月の夏祭り、九月の名月観賞、神無し月の一〇月、一一月の七五三のお祝い、一二月のお酉さまなどの年末行事……。

地方によって違いはもちろんありますが、以上のことをスラスラと言えれば、日本人としてパスポートは不要かもしれません。とはいえ、最近ではこれだけではだめなようです。二月のバレンタインデー、三月のホワイトデー、一一月はハロウィーン、一二月はクリスマスというのが当たり前になってきています。

三嶋暦師の館の開館に尽力した人びとの思いは、このような西洋的な行事に走るのではなく、日本古来の旧暦の流れを館という小さな空間に取り戻せたら、ということだったかもしれません。その空間に、三島を流れるせせらぎを重ねたのです。

本書の後半では、「暮らしと暦」と題した三嶋暦の会の会員による座談会、せせらぎのまち三島の探訪案内、さまざまに見せる三島の貌《かお》、三島の未来を語る若者たちの座談会を収録しました。

三島に住んでいても、まちのことをよく知らない、という人も多いようです。そんな人たちをはじめとして、市外の方々にも三島というまちのよさが伝わることを願っています。

「三嶋暦」をこの一冊で語り尽くすことは不可能です。しかし、本書が暦への入り口となり、歴史ロマンを感じながら江戸時代の生活風景を想像していただき、三島を流れるせせらぎで心が洗われることを望みます。一人でも多くの方が本書を読まれて、三島に来られることを、「三嶋暦の会」の会員一同お待ちしております。

三嶋暦は、三島市郷土資料館を中心に研究が積み重ねられてきました。私たち三嶋暦の会は、そのような方たちとの交流をはじめとする学びのなかで、それぞれが少しずつ、自らの描くボランティア活動としての三嶋暦をふくらませてきました。

今、「三嶋暦の会」の創立一〇周年記念としての出版作業を終えて、三嶋暦を知る端緒につけたばかりという感慨があります。また、一〇周年出版の重責を果たすことができたかどうか不安にも思っています。もし、できたとすれば、多くの方々から得られた協力のたまものと思います。

最後に、本書の出版に対してお世話くださいました株式会社新評論の青柳康司氏、社長の武市一幸氏、ご協力いただきました三島市の関係部署のみなさま、三嶋大社、国立東京博物館、国立天文台、暦の会、日本カレンダー暦文化振興協会などの方々に感謝の言葉を述べさせていただきます。ありがとうございました。

平成二七年　白露

編集委員代表・鈴木達子

参考文献一覧

第1部

第1章

片山真人『暦の科学』ベレ出版、二〇一二年
近松鴻二『歴史読本』「知っておきたい旧暦の楽しみ方」新人物往来社、二〇一二年
『歴史読本』編集部編『日本の暦』新人物往来社、二〇一二年
岡田芳朗・矢野憲一・釣洋一共著『日本の暦』新人物往来社、二〇〇九年
小松恒夫『こよみのはなし』さ・え・ら書房、一九八五年
岡田芳朗・池上俊一・中牧弘允『ＮＨＫ知るを楽しむ』ＮＨＫ出版、二〇〇七年
木村直人『月のかんさつ』講談社、一九九一年
中村士監修『日本の暦と和算』青春新書、二〇一二年
三島市郷土資料館編『三島暦と日本の地方暦』三島市教育委員会、一九八七年
暦の会編『暦の百科事典２０００年版』本の友社、一九九九年

第2章

三島市郷土資料館編『三島暦と日本の地方暦』三島市教育委員会、一九八七年
鈴木隆幸「三島市郷土資料館所蔵『増補暦略註』―解題・翻刻」『三島市郷土資料館研究報告3』三島市郷土資料館、二〇一〇年
三島市郷土資料館ふるさと講座「三島暦を読む」（講師・鈴木隆幸）二〇〇四年
岡田芳朗『暦ものがたり』角川選書、一九八二年
岡田芳朗・阿久根末忠『現代こよみ読み解き事典』柏書房、一九九三年
三省堂編修所編『暦ことば辞典』三省堂、二〇〇二年
広瀬秀雄『日本史小百科　暦』近藤出版社、一九七八年
新人物往来社編『歴史読本　日本の暦』新人物往来社、二〇〇九年
白川静『字通』平凡社、二〇一四年

第2部

第3章

樋口秀司編『伊豆諸島を知る事典』東京堂出版、二〇一〇年
情報環境フォーラム『三宅島と伊豆諸島の噴火の歴史』二〇〇一年

武藤清躬『式内社の神々』文芸社、二〇一二年
司馬遼太郎『箱根の坂』講談社、一九八四年
笹原俊雄『わが街の今とむかし』一九九三年
笹原俊雄『狩野川河口域の変遷』一九七九年
渡邊三義・長澤秀男『静浦の伝記』一九九三年
河合龍節『暦家由来書』一八八三年
静岡県教育委員会文化課編『三嶋大社関係文書目録』一九九三年
秋山章纂修・萩原正平増訂『増訂豆州志稿』栄樹堂、一八八八〜一八九六年
暦の会編『暦の百科事典2000年版』本の友社、一九九九年

第4章

吉川英治『新・平家物語　五』講談社、一九七一年
静岡県教育委員会文化課編『三嶋大社関係文書目録』一九九三年
原秀三郎監修『三嶋大社宝物館』三嶋大社、一九九八年
「三嶋大社取調書」「本姓分布表」明治四、一八七一年
三嶋大社『三嶋大社』一九八五年

三島市郷土資料館編『三島の成りたち』三島市教育委員会、一九九五年
三島市郷土資料館編『三島宿関係史料集一　河合家文書』三島市教育委員会、二〇〇七年
三島市郷土資料館創造活動事業実行委員会編『三島問屋場・町役場文書目録』1381、1383、1394、三島市郷土資料館創造活動事業実行委員会、二〇一四年
本川裕『社会実情データ図録』二〇一四年（www2.ttcn.ne.jp/honkawa/）
暦の会編『暦の百科事典２０００年版』本の友社、一九九九年
伊藤一美『北条五代記』大和書房、一九八三年
岡田芳朗『暦ものがたり』角川選書、一九八二年
岡田芳朗『旧暦読本』創元社、二〇〇六年
岡田芳朗『日本の暦』新人物往来社、一九九六年
宮地正人・佐々木隆・木下直之・鈴木淳『ビジュアル・ワイド　明治時代館』小学館、二〇〇五年
堀口捨己『茶室研究』鹿島研究所出版会、一九六九年
河合龍節『暦家由来書』一八八三年
仲田正之『江川坦庵』吉川弘文館、一九八五年
静岡県教育委員会文化課編『江川文庫古文書史料調査報告書二』12-3-13-1、3、5、6、7、8、9、12、13、静岡県教育委員会、二〇〇七年

渡邊敏夫『日本の暦』雄山閣、一九七六年
竹内誠監修・市川寛明編『一目でわかる江戸時代』小学館、二〇〇四年
小島毅『織田信長最後の茶会』光文社新書、二〇〇九年
新人物往来社編『大江戸役人役職読本』新人物往来社、二〇〇九年
InoPediaをつくる会編「伊能忠敬と伊能図の大辞典」(www.inopedia.jp/index.asp)
梅田千尋「近世の暦統制と町触」京都女子大学研究所紀要『史窓』七一号、二〇一四年(gyoseki.db.kyoto-wu.ac.jp)
上西勝也『日本の測量史』(uenishi.on.coocan.jp)
中村士「江戸の天文方」『天文月報』第八六巻第一二号、一九九三年(www.asj.or.jp/geppou/)
林淳「徳川将軍と改暦」愛知学院大学人間文化研究所紀要『人間文化』二一号、二〇〇六年(opac.nishogakusha-u.ac.jp)
横尾武夫「日本の天文学」(www.shokabo.co.jp)
伊藤節子「幕府天文方渋川景佑と大村藩天文学者峰源助の学問的交流」『国立天文台報』第七巻、二〇〇四年
安藤由紀子「伊能家文書紹介一二、一三」『季刊伊能忠敬研究』(一九号、二〇号)一九九九年

第5章

宍倉佐敏編著『必携 古典籍・古文書料紙事典』八木書店、二〇一一年
宍倉佐敏『和紙の歴史』印刷朝陽会、二〇〇六年
町田誠之『NHK市民大学　紙と日本文化』一九八八年一〜三月、日本放送出版協会
石井啓文『三嶋暦・相模国の弘暦網』自費出版、二〇〇五年
『百万塔　関義城コレクション展記念特別号』一四三号、紙の博物館、二〇一二年
まほら秦野みちしるべの会編『まほら秦野みちしるべ』二〇一二年
内田正男『こよみと天文・今昔』丸善、一九八一年
山崎昭・久保良雄共著『暦の科学』講談社ブルーバックス、一九八四年
楢崎正也『におい』オーム社、二〇一〇年
眞淳平『人類の歴史を変えた8つのできごとⅠ』岩波ジュニア新書、二〇一二年
眞淳平『人類の歴史を変えた8つのできごとⅡ』岩波ジュニア新書、二〇一二年
佐藤文隆『科学と人間』青土社、二〇一三年
千賀裕太郎監修『ゼロから理解する 水の基本』誠文堂新光社、二〇一三年
岡田芳朗他編『暦の大事典』朝倉書店、二〇一四年
リオフランク・ホルフォード・ストレブンズ、正宗聡訳『暦と時間の歴史』丸善出版、二〇一三年

広瀬秀雄『年・月・日の天文学』中央公論社、一九七三年
さとうめぐみ『毎日が満たされる旧暦の魔法』河出書房新社、二〇一三年
柳橋眞『手透き和紙』講談社、二〇〇四年
町田誠之『和紙の風土』駸々堂出版、一九八一年
三島市郷土資料館編『三島暦』三島市郷土資料館、二〇一一年

取材協力

・宍倉佐敏氏　静岡県沼津市在住の和紙研究家
・柳原雅子氏　山梨県鳴沢村在住の彫刻家
・宮本重男氏　山梨県河口湖村在住のペーパークラフト研究家

第3部

第8章

グラウンドワーク三島編『三島アメニティ大百科』三島市、二〇〇一年

巻末資料① 日本および三島の暦法史略年表 （●印は三嶋暦関連事項）

西暦年	和暦年	暦法関係事項
（古墳時代）		自然暦
五五三	欽明一四	百済に対して暦博士、暦法などを要請する。 「暦」の文字がわが国の文献に初出。
五五四	欽明一五	百済の暦博士・固徳王保孫が来朝する。
六〇二	推古一〇	百済の僧・観勒《かんろく》が来朝、暦本と天文地理書を献上。
六〇四	推古一二	初めて元嘉暦《げんかれき》を採用。
六四五	大化一	日本最初の正式年号、大化を制定。
六六〇	斉明六	中大兄皇子、初めて飛鳥に漏刻をつくる。
六九〇	持統四	元嘉暦と儀鳳暦《ぎほうれき》を併用する。
六九七	文武一	元嘉暦を廃止し、儀鳳暦のみを実施か。
七〇二	大宝二	大宝律令を施行し、陰陽博士・天文博士・暦博士などを置く。
七三五	天平七	入唐留学生・吉備真備が大衍暦《だいえんれき》をもたらす。
七四六	天平一八	現存最古の具注暦が作成される。
七六四	天平宝字八	儀鳳暦を廃止し、大衍暦を実施。
●七七九	宝亀一〇	三嶋暦師・河合家、伊豆国の三嶋郷に住む。
七八〇	宝亀一一	遣唐使・羽栗翼《はぐりのつばさ》、五紀暦を献上する。
七八四	延暦三	一一月一日、朔旦冬至の賀を行う。
八〇七	大同二	平城天皇、迷信暦注を禁止。
八五八	天安二	大衍暦と五紀暦を併用する。（四年間のみ）
八五九	貞観一	渤海《ぼっかい》国使・烏孝慎《うこうしん》、宣明暦を献上。
●八五九〜	貞観一〜	この頃より河合家では三嶋暦を作り始める。
八六二	貞観四	大衍暦を廃止し、宣明暦を実施。（以後一六八四年まで改暦はなし）

八九四	寛平六	遣唐使が廃止され、以後中国から暦法が入らなくなる。
九〇〇	昌泰三	文章博士・三善清行、明年辛酉革命の儀を奏上する。
九〇一	延喜一	辛酉のため改元。
一〇四八	永承三	大宰府、宋暦および新羅暦を献上。
●一三一七	正和六	現存最古の版暦（具注暦・金沢文庫蔵）がつくられる。三嶋暦と思われる。
●一三四五	康永四・貞和一	三嶋暦と思われる仮名版暦刊行される。（栃木県真岡市・荘厳寺蔵）
●一三七四	応安七	「空華日用工夫略集」三月四日の条に三嶋暦の記述があり、京暦と日付が一日相違することが書かれている。
●一四三七	永享九	現存最古の三嶋暦刊行される。（足利文庫蔵）
●一五〇八	永正五	経師法橋良椿《りょうちん》、「三嶋暦」（版暦）の支配権を認可され版行する。
●一五三二	天文一	この年から明暦三（一六五七）年まで毎年一一月に三嶋新暦を朝廷に献上。（河合左近将監）
一五三四	天文三	伊勢国司・賀茂杉太夫を暦司《こよみのつかさ》とし、他国の暦の使用を停止する。
●一五六五	永禄八	茶会記『天王寺屋会記』（六月二二日）に「みしま茶碗」の記述がある。この頃、李朝陶器が渡来し、「みしま」と呼ばれるようになる。
●一五八二	天正一〇	この頃、北条氏政が武蔵大宮暦を廃止する。
●		織田信長、尾張の暦師の訴えによって、土御門久脩を招き、閏月の有無について質す。京暦に代えて三嶋暦の採用が目的か？
一五八五	天正一三	日本耶蘇会、ユリウス暦を廃止し、グレゴリオ暦を採用。
●一六〇四	慶長九	武蔵大宮の暦師が三嶋暦の偽暦をつくり処断となる。
●一六〇六	慶長一一	この頃、三嶋暦と会津暦の曜日（七曜）が三日進む。
●一六一七	元和三	徳川秀忠の上洛に際し、京暦と三嶋暦の暦日が相違していることが発覚する。
一六八四	貞享一	渋川春海の大和暦（日本初の暦法）を採用、貞享暦と命名する。
一六八五	貞享二	貞享暦の実施。
一七〇一	元禄一四	この頃から大小暦つくられる。

西暦年	和暦年	暦法関係事項
一七一八	享保三	幕府、暦本の私製頒行を禁ずる。
●一七三九	元文四	三嶋暦師・河合元隆、伊勢暦が三嶋暦の頒暦圏を侵害していると奉行所に訴える。 三嶋暦の頒暦を伊豆国・相模国の二国に限定される。
一七五五	宝暦五	宝暦の改暦。宝暦甲戌元暦を実施。
●一七五九	宝暦九	三嶋暦家、度重なる伊勢暦の頒暦圏侵害について訴訟。
一七六五	明和二	大小暦の会開かれ大小暦流行する。
一七七一	明和八	宝暦暦を修正。明和八辛卯暦を実施。
一七八八	天明八	オランダ人、永続暦（太陽暦本）を幕府に献上。
一七九八	寛政一〇	寛政の改暦。寛政戊午暦を実施。
●一八四一	天保一二	三嶋暦家、度重なる伊勢暦の頒暦圏侵犯について訴訟。
一八四四	天保一五・弘化一	天保の改暦。天保壬寅元暦を実施。わが国最後の太陰太陽暦。
●一八五八	安政五	三嶋暦家、度重なる伊勢暦の頒暦圏侵犯について訴訟。
一八七〇	明治三	天文暦道局を大学校内に置き頒暦を行う。
一八七二	明治五	三月、頒暦商社設立。一一月九日、改暦を発表する。グレゴリオ暦を採用し、昼夜を各一二時とする新時刻法を採用。 一一月一五日、神武天皇即位紀元（皇紀）を制定。
一八七三	明治六	一月一日（旧暦一二月三日）グレゴリオ暦（太陽暦）を実施。
一八八二	明治一五	神宮庁が頒暦権を収得。
一八八五	明治一八	すべての暦本を伊勢神宮が直接出版し頒布することとなる。
一九四五	昭和二〇	すべての暦の出版が自由化される。
一九七三	昭和四八	太陽暦改暦一〇〇年。
二〇〇三	平成一五	太陽暦改暦一三〇年。
●二〇〇五	平成一七	四月二九日、三嶋暦師の館開館。

巻末資料②

平成27（2015）年の三島市における月の出入の時刻

月＼日	1月		2月		3月		4月		5月		6月	
	月出	月入	月出	月入	月出	月入	月出	月入	月出	月入	月出	月入
1日	13:44	02:47	14:57	04:21	13:47	03:05	15:15	03:36	15:49	03:13	17:24	03:30
2日	14:30	03:46	15:51	05:07	14:40	03:47	16:09	04:09	16:44	03:45	18:21	04:13
3日	15:18	04:43	16:45	05:48	15:34	04:26	17:02	04:40	17:40	04:18	19:18	05:00
4日	16:09	05:36	17:39	06:25	16:27	05:01	17:57	05:12	18:36	04:54	20:13	05:52
5日	17:03	06:25	18:33	07:00	17:21	05:35	18:51	05:44	19:33	05:34	21:05	06:49
6日	17:57	07:09	19:26	07:33	18:14	06:07	19:47	06:18	20:30	06:18	21:52	07:50
7日	18:52	07:49	20:20	08:05	19:08	06:38	20:43	06:55	21:25	07:06	22:37	08:54
8日	19:46	08:25	21:13	08:36	20:02	07:10	21:39	07:36	22:18	07:59	23:18	09:59
9日	20:40	08:59	22:07	09:07	20:57	07:43	22:35	08:20	23:07	08:57	23:57	11:04
10日	21:33	09:31	23:02	09:40	21:52	08:17	23:28	09:09	23:53	09:58	** **	12:09
11日	22:26	10:02	23:58	10:16	22:48	08:55	** **	10:04	** **	11:01	00:35	13:15
12日	23:21	10:34	** **	10:55	23:44	09:36	00:20	11:02	00:36	12:06	01:14	14:20
13日	** **	11:06	00:56	11:39	** **	10:22	01:08	12:05	01:16	13:12	01:54	15:25
14日	00:16	11:40	01:53	12:29	00:40	11:14	01:54	13:10	01:56	14:18	02:37	16:29
15日	01:13	12:18	02:50	13:25	01:34	12:11	02:37	14:17	02:35	15:25	03:23	17:31
16日	02:11	13:01	03:46	14:27	02:26	13:13	03:19	15:26	03:15	16:32	04:12	18:29
17日	03:10	13:49	04:38	15:34	03:15	14:19	03:59	16:35	03:58	17:39	05:05	19:23
18日	04:10	14:44	05:27	16:44	04:01	15:28	04:40	17:44	04:43	18:43	06:00	20:11
19日	05:08	15:45	06:13	17:55	04:45	16:39	05:23	18:52	05:32	19:45	06:56	20:55
20日	06:03	16:51	06:57	19:06	05:27	17:49	06:07	19:59	06:24	20:41	07:53	21:34
21日	06:54	18:00	07:38	20:15	06:09	18:59	06:55	21:02	07:18	21:32	08:48	22:09
22日	07:41	19:10	08:19	21:23	06:51	20:08	07:45	22:00	08:13	22:18	09:43	22:42
23日	08:24	20:19	09:00	22:29	07:34	21:15	08:37	22:53	09:09	22:59	10:37	23:14
24日	09:05	21:28	09:43	23:32	08:19	22:19	09:31	23:41	10:05	23:36	11:30	23:45
25日	09:44	22:34	10:27	** **	09:07	23:18	10:26	** **	10:59	** **	12:24	** **
26日	10:23	23:38	11:14	00:32	09:57	** **	11:21	00:23	11:53	00:10	13:18	00:17
27日	11:03	** **	12:03	01:27	10:48	00:12	12:15	01:02	12:46	00:42	14:14	00:50
28日	11:45	00:41	12:54	02:18	11:41	01:01	13:08	01:37	13:40	01:13	15:10	01:26
29日	12:29	01:41	—	—	12:35	01:46	14:02	02:10	14:34	01:45	16:08	02:06
30日	13:16	02:38	—	—	13:28	02:26	14:55	02:41	15:30	02:17	17:06	02:51
31日	14:06	03:32	—	—	14:22	03:02	—	—	16:26	02:52	—	—

日＼月	7月		8月		9月		10月		11月		12月	
	月出	月入	月出	月入	月出	月入	月出	月入	月出	月入	月出	月入
1日	18:03	03:41	19:12	05:31	19:52	07:46	19:56	08:51	21:15	10:35	21:52	10:43
2日	18:57	04:37	19:55	06:39	20:34	08:55	20:45	09:56	22:12	11:24	22:48	11:20
3日	19:48	05:38	20:36	07:48	21:18	10:02	21:37	10:57	23:08	12:07	23:42	11:54
4日	20:34	06:42	21:16	08:56	22:04	11:07	22:31	11:53	** **	12:46	** **	12:27
5日	21:18	07:48	21:56	10:04	22:52	12:09	23:25	12:43	00:03	13:21	00:36	12:58
6日	21:58	08:55	22:37	11:09	23:43	13:06	** **	13:28	00:57	13:54	01:29	13:29
7日	22:37	10:02	23:20	12:14	** **	13:58	00:21	14:09	01:51	14:25	02:23	14:01
8日	23:16	11:08	** **	13:16	00:36	14:46	01:15	14:45	02:44	14:56	03:17	14:36
9日	23:55	12:13	00:06	14:15	01:31	15:29	02:10	15:19	03:37	15:28	04:12	15:13
10日	** **	13:17	00:55	15:10	02:25	16:08	03:03	15:52	04:31	16:02	05:07	15:54
11日	00:36	14:20	01:46	16:01	03:20	16:44	03:57	16:23	05:26	16:37	06:03	16:40
12日	01:20	15:22	02:40	16:47	04:14	17:18	04:50	16:55	06:21	17:16	06:58	17:31
13日	02:07	16:20	03:35	17:29	05:08	17:50	05:44	17:27	07:16	17:58	07:50	18:26
14日	02:58	17:15	04:30	18:08	06:02	18:21	06:37	18:01	08:10	18:45	08:40	19:24
15日	03:51	18:05	05:25	18:43	06:55	18:53	07:32	18:37	09:03	19:36	09:26	20:26
16日	04:46	18:50	06:20	19:16	07:48	19:25	08:26	19:17	09:54	20:32	10:09	21:29
17日	05:42	19:31	07:14	19:48	08:42	20:00	09:20	20:00	10:41	21:31	10:50	22:32
18日	06:38	20:08	08:07	20:19	09:36	20:37	10:14	20:48	11:26	22:32	11:28	23:37
19日	07:33	20:42	09:00	20:51	10:30	21:18	11:05	21:41	12:08	23:35	12:06	** **
20日	08:27	21:15	09:54	21:24	11:25	22:03	11:55	22:37	12:48	** **	12:45	00:42
21日	09:21	21:46	10:48	21:59	12:18	22:53	12:42	23:38	13:27	00:40	13:26	01:48
22日	10:14	22:17	11:43	22:38	13:11	23:48	13:27	** **	14:06	01:46	14:09	02:54
23日	11:08	22:50	12:38	23:21	14:01	** **	14:10	00:42	14:47	02:54	14:56	04:00
24日	12:02	23:24	13:34	** **	14:49	00:49	14:51	01:48	15:31	04:02	15:47	05:04
25日	12:57	** **	14:28	00:10	15:34	01:53	15:32	02:56	16:17	05:11	16:42	06:05
26日	13:54	00:01	15:22	01:04	16:18	03:01	16:13	04:06	17:08	06:18	17:40	07:01
27日	14:51	00:43	16:13	02:04	17:00	04:10	16:57	05:16	18:02	07:22	18:39	07:51
28日	15:48	01:29	17:01	03:08	17:42	05:21	17:43	06:26	18:59	08:21	19:37	08:36
29日	16:43	02:22	17:46	04:16	18:25	06:32	18:32	07:35	19:57	09:14	20:35	09:17
30日	17:36	03:20	18:29	05:26	19:09	07:42	19:24	08:40	20:55	10:01	21:31	09:53
31日	18:26	04:24	19:11	06:36	—	—	20:19	09:41	—	—	22:26	10:26

** ** のように表示されている場合は、その日に出・入がないことを表しています。

巻末資料③

三島の七十二候

季節		気節	二十四節気	七十二候	日付	三島の七十二候
春	初春	正月節	立春	1候	2月4日	蒲公英《たんぽぽ》 咲きだす
				2候	2月9日	蕗《ふき》の薹《とう》 顔を出す
				3候	2月14日	河津桜 開花
		正月中	雨水	4候	2月19日	水仙 見ごろ
				5候	2月24日	スギ花粉 飛び始め
				6候	3月1日	鶯《うぐいす》 初鳴き
	仲春	2月節	啓蟄	7候	3月6日	土筆《つくし》 顔を出す
				8候	3月11日	沈丁花《じんちょうげ》 咲きだす
				9候	3月16日	草木 芽吹き始まる
		2月中	春分	10候	3月21日	白木蓮《はくもくれん》 開花
				11候	3月26日	桜 開花
				12候	3月31日	燕《つばめ》 来る
	晩春	3月節	清明	13候	4月5日	紋白蝶《もんしろちょう》 舞う
				14候	4月10日	筍《たけのこ》 出始め
				15候	4月15日	蜥蜴《とかげ》 初見
		3月中	穀雨	16候	4月20日	牡丹《ぼたん》 咲きだす
				17候	4月25日	蛙《かえる》 初鳴き
				18候	4月30日	揚羽蝶《あげはちょう》 舞う

季節		気節	二十四節気	七十二候	日付	三島の七十二候
夏	初夏	4月節	立夏	19候	5月5日	桐《きり》 開花
				20候	5月11日	蛍《ほたる》 飛び始め
				21候	5月16日	ドクダミ 咲きだす
		4月中	小満	22候	5月21日	待宵草《まつよいぐさ》 咲きだす
				23候	5月26日	蛍袋《ほたるぶくろ》 咲きだす
				24候	5月31日	泰山木《たいさんぼく》 開花
	仲夏	5月節	芒種	25候	6月6日	田植 始まる
				26候	6月11日	花菖蒲《はなしょうぶ》 咲きだす
				27候	6月16日	紫陽花《あじさい》 開花
		5月中	夏至	28候	6月21日	合歓《ねむ》 開花
				29候	6月27日	蓮《はす》 花開く
				30候	7月2日	半夏生《はんげしょう》 生ず
	晩夏	6月節	小暑	31候	7月7日	鳳仙花《ほうせんか》 咲きだす
				32候	7月12日	熊蝉《くまぜみ》 初鳴き
				33候	7月18日	蝉時雨《せみしぐれ》 始まる
		6月中	大暑	34候	7月23日	百日紅《さるすべり》 見ごろ
				35候	7月28日	赤蜻蛉《あかとんぼ》 舞う
				36候	8月2日	コオロギ 初鳴き

季節		気節	二十四節気	七十二候	日付	三島の七十二候
秋	初秋	7月節	立秋	37候	8月7日	猛暑日 続く
				38候	8月13日	萩 開花
				39候	8月18日	ツクツクボウシ 初鳴き
		7月中	処暑	40候	8月23日	稲穂 出始め
				41候	8月28日	薄《すすき》 穂を出す
				42候	9月2日	栗 収穫始まる
	仲秋	8月節	白露	43候	9月8日	彼岸花《ひがんばな》 咲きだす
				44候	9月13日	稲刈り 始まる
				45候	9月18日	木犀《もくせい》 香り始め
		8月中	秋分	46候	9月23日	柿 収穫始まる
				47候	9月28日	団栗《どんぐり》 落ち始め
				48候	10月3日	セイタカアワダチソウ 咲きだす
	晩秋	9月節	寒露	49候	10月8日	目白《めじろ》 里に来る
				50候	10月13日	山茶花《さざんか》 咲きだす
				51候	10月18日	富士山 降雪始まる
		9月中	霜降	52候	10月23日	草に露 付き始める
				53候	10月28日	菊 咲きだす
				54候	11月2日	イチョウ 黄葉始まる

季節		気節	二十四節気	七十二候	日付	三島の七十二候
冬	初冬	10月節	立冬	55候	11月７日	皇帝ダリア 咲きだす
				56候	11月12日	暖房 始め
				57候	11月17日	冬将軍《ふゆしょうぐん》 到来
		10月中	小雪	58候	11月22日	箱根西麓 大根干し始まる
				59候	11月27日	新蕎麦《しんそば》 収穫始まる
				60候	12月２日	西風 多くなる
	仲冬	11月節	大雪	61候	12月７日	柿田川《かきたがわ》 鮎の遡上盛ん
				62候	12月12日	楽寿園 紅葉見ごろ
				63候	12月17日	初霜 初氷の頃
		11月中	冬至	64候	12月22日	金柑《きんかん》の実 色づく
				65候	12月27日	日中寒くみぞれ降る
				66候	12月31日	冬型気圧配置 続く
	晩冬	12月節	小寒	67候	１月５日	椿 開花
				68候	１月10日	菜の花 咲きだす
				69候	１月15日	愛鷹山・箱根山 雪化粧
		12月中	大寒	70候	１月20日	蝋梅《ろうばい》 見ごろ
				71候	１月25日	果樹 剪定盛ん
				72候	１月30日	梅 ちらほら咲きだす

◆この「三島の七十二候」は、平成26（2014）年の記録を基に作成しました。

執筆者紹介（あいうえお順）

河合龍明（第３章、第４章担当）
1941年、東京都渋谷区生まれ。元メーカー営業・管理職。三嶋暦の会会長。第53代河合家当主。2004年の会発足から三嶋暦師の館の開館準備の中心に。三島の古きよき文化である三嶋暦を後世に伝えるために三島市と協力して発会する。暦は古代の人びとの生活の知恵が詰まった哲学・思想、現代にも生かされ発見・学習することが多い文化遺産と捉える。

久保田松幸（第９章担当）
1929年、静岡県下田市生まれ。三嶋暦の会入会は2004年。権力者の武器である暦の唯一反対位置にある「三嶋暦」に興味を持つ。三島詩の研究会会長・県東部朗読団体会長・『文芸三島』（発行三島市）随筆部門選者と編集委員・三島宗祇法師の会事務局長（連歌研究会）・三島竹枝・呑山研究会事務局長・県詩人会幹事。元三島市文化協会事務局長・元『県民文芸』委員長他を歴任。

鈴木達子（第４章担当）
1949年、静岡県伊豆の国市生まれ。元出版社編集部勤務。三嶋暦の会への入会は2007年。一時在住した藤沢市では、鎌倉幕府と陰陽師の関係について調べたこともあり、伊豆に帰ってから、三嶋暦師の館の開設を聞き、暦と暦師、陰陽師などの歴史的な知識を深めたいと思い入会。日本の基本を知りたいために受けている神社検定は２級。

田村和幸（第５章担当）
1939年、東京都渋谷区生まれ。三嶋暦の会入会は2004年。宇（往古来今）宙（上下四方）に興味があり「暦」に心惹かれる。継電器・真空管・パラメトロン・トランジスタ・集積回路など、コンピューター素子時代を設計・体験。三嶋暦師の館に展示の「大小告知板」作成に関わる。告知板の文字は陰陽道の原理に従い、ハネ・筆勢の掠れ等すべて奇数で構成。書き出しは「小」の字。

西川勝美（第２章担当）
1941年、静岡県沼津市生まれ。元外資系企業製造技術職勤務。2004年に開催された「三嶋暦・勉強会」を受講したことをきっかけに同年入会。旧暦を知ってカレンダーを見る楽しみが増え、自然への関心も深まる。知れば知るほど面白い奥の深さを感じる。刊行初年から毎年『現代版　三嶋暦』を作成。2016年版で11冊となる。

山形克衛（第８章担当）
1941年、静岡県三島市生まれ。元機械メーカーのエンジニア。三嶋暦の会には2006年に入会。入会の動機は三嶋暦師の館を見学し、旧暦の世界を覗いてみたいと思ったからで、その多様な姿を見せる暦には期待以上の楽しみがあった。先人たちの築き上げてきた「暦」という歴史文化を大切にしたいと思う。

渡邉利之（第１章、第６章担当）
1947年、静岡県沼津市生まれ。元精密器機メーカー技術者。三嶋暦の会への入会は2007年。退職後に地域のためになることをと考えて入会。何気なく考えていた「暦」が、月・太陽・星・自然の何千年という長い観察から考え出されたものだと知り、人類の宝と思う。多くの人に「暦」に興味を持ってもらいたいと願う。共著に『私の日仏異文化体験』（第三書房、2001年）。

編者紹介

三嶋暦の会（みしまごよみのかい）

三島市大宮町（三嶋大社の東）にある、三島市所有の国の登録有形文化財「三嶋暦師の館」で、来館者への館内案内をはじめとするボランティア活動の会。会活動の目的は三島の誇る文化遺産である「三嶋暦」を広く知ってもらい、後世に伝えていくことである。発足は、平成16（2004）年4月、およそ1年間をかけて市の開館準備に協力し、翌平成17（2005）年4月に「三嶋暦師の館」を開館。『現代版　三嶋暦』の発行、旧暦に合わせたイベントの開催、三嶋暦に関連する館内外での講座の開催、全国の暦関連施設の訪問、日本カレンダー暦文化振興協会への入会、三島市内外の各種団体との交流を通して、日々、暦の知識を深め、来館者の質問に応じられるように学習し、およそ160年前にこの地に移築された元関所の建物で、四季おりおりに咲く花々、名月を観賞し、季節の移り変わりを来館者とともに楽しんでいる。

編集委員（あいうえお順）

梅原恭子・河合龍明・久保田松幸・後藤栄子・鈴木達子・田村和幸・西川勝美・山形克衛・渡邉利之

三嶋暦とせせらぎのまち
—旧暦は生きている—

2015年9月30日　初版第1刷発行

編　者　三嶋暦の会
発行者　武市一幸

発行所　株式会社　新評論

〒169-0051
東京都新宿区西早稲田3-16-28
http://www.shinhyoron.co.jp

電話　03(3202)7391
FAX　03(3202)5832
振替・00160-1-113487

落丁・乱丁はお取り替えします。
定価はカバーに表示してあります。

印刷　フォレスト
製本　中永製本所
装丁　山田英春
写真　三嶋暦の会
（但し書きのあるものは除く）

Printed in Japan
ISBN978-4-7948-1017-5

新評論　好評既刊書

尾上恵治

世界遺産マスターが語る　高野山

自分の中の仏に出逢う山

金剛峰寺前管長・松長有慶氏へのインタビュー掲載。観光ガイドブックでは絶対に知ることのできない高野山！

[四六並製　256頁　2200円　ISBN978-4-7948-1004-5]

写真文化首都「写真の町」東川町　編
清水敏一・西原義弘 執筆

大雪山　神々の遊ぶ庭を読む

北海道の屋根「大雪山」と人々とのかかわりの物語。忘れられた逸話、知られざる面を拾い上げながら、「写真の町」東川町の歴史と今を紹介。

[四六上製 376頁　2700円　ISBN978-4-7948-0996-4]

アトム通貨実行委員会

アトム通貨で描くコミュニティ・デザイン

人とまちが紡ぐ未来

手塚治虫の願いを理念に込めた地域通貨。国内九つの地域を活性化に導いた魅力のすべてを紹介。

[四六並製　268頁　1800円　ISBN978-4-7948-1005-2]

有限会社やさか共同農場 編著

やさか仙人物語

地域・人と協働して歩んだ「やさか共同農場」の40年

島根の小村に展開する共同農場の実践に地域活性化の極意を学ぶ。

[四六並製　308頁　2000円　ISBN978-4-7948-0946-9]

川嶋康男

七日食べたら鏡をごらん

ホラ吹き昆布屋の挑戦

卑弥呼や楊貴妃を人質に、ホラを吹いてみよう、女を口説いてみよう—昆布専門店「利尻屋みのや」が仕掛けた、小樽の街並み復古大作戦！

[四六並製　288頁　1600円　ISBN978-4-7948-0952-0]

表示価格は本体価格（税抜）です。